──────互联网实验室文库──────

"互联网口述系列丛书"战略合作单位

浙江传媒学院

互联网与社会研究院

博客中国

国际互联网研究院

光荣与梦想

互联网口述系列丛书

钱华林 篇

方兴东 ◎ 主编
刘 伟 ◎ 执行主编

电子工业出版社
Publishing House of Electronics Industry
北京·BEIJING

出版说明

"互联网口述历史"项目是由专业研究机构——互联网实验室,组织业界知名专家,对影响互联网发展的各个时期和各个关键节点的核心人物进行访谈,对这些人物的口述材料进行加工整理、研究提炼,以全方位展示互联网的发展历程和未来走向。人物涉及创业与商业,政府、安全与法律等相关领域,社会、思想与文化等层面。该项目把这些亲历者的口述内容作为我国互联网历史的原始素材,展示了互联网波澜壮阔的完整画卷。

今天奉献给各位读者的互联网口述系列丛书第一期的内容来源于"互联网口述历史"项目,主要挖掘了影响中国互联网发展的8位关键人物的口述历史资料和研究成果,包括《光荣与梦想:互联网口述系列丛书 钱华林篇》《光荣与梦想:互联网口述系列丛书 刘韵洁篇》《光荣与梦想:互联网口述系列丛书 许榕生篇》《光荣与梦想:互联网口述系列丛书 张朝阳篇》《光荣与梦想:互联网口述系列丛书 张树新篇》《光荣与梦想:互联网口述系列丛书 陆首群篇》《光荣与梦想:互联网口述系列丛书 胡启恒篇》《光荣与梦想:互联网口述系列丛书 田溯宁篇》。

"口述历史",简单地说,就是通过笔录、录音、录影等现代技术手段,记录历史事件当事人或者目击者的回忆而保存的口述凭证。"口述"作为一种全新的学术研究方法,尚处在"探索"阶段,目前尚未发现可供借鉴和参考的案例或样本。在本系列丛书的策划过程中,我们也曾与行业内的专家和学者们进行了多次的探讨和交流,尽量规避"口述"这种全新的研究方式存在的不足。与此同时,针对"口述"内容存在的口语化的特点,在本系列丛书的出版过程中,我们严格按照出版规范的要求最大限度地进行了调整和完善。但由于"口述体"这种特殊的表达方式,书中难免还存在诸多不当之处,恳请各位专家、学者多多指正,共同探讨"口述"这种全新的研究方法,通过总结和传承互联网文化,为中国互联网的发展贡献自己的力量。

"互联网口述系列丛书"编委会

学术委员会委员:

何德全　　黄澄清　　刘九如　　卢　卫　　倪光南
孙永革　　田　涛　　田溯宁　　佟力强　　王重鸣
汪丁丁　　熊澄宇　　许剑秋　　郑永年
(按姓氏首字母排序)

主　　编:方兴东
执行主编:刘　伟
编　　委:范东升　　王俊秀　　徐玉蓉
　　　　　(按姓氏首字母排序)
策　　划:袁　欢　　杜康乐　　李宇泽
指导单位:北京市互联网信息办公室
执行单位:互联网实验室

学术支持单位:浙江传媒学院互联网与社会研究院
　　　　　　　汕头大学国际互联网研究院
　　　　　　　《现代传播(中国传媒大学学报)》
　　　　　　　北京师范大学新闻传播学院

丛书出版合作单位:博客中国
　　　　　　　　　电子工业出版社

"互联网口述系列丛书"工程执行团队

牵头执行：互联网实验室
总负责人：方兴东
采访人员：方兴东、钟布、赵婕
访谈联络：范媛媛、杜康乐、孙雪、张爱芹
摄影摄像：杜运洪、杜康乐、李宁
文字编辑：李宇泽、范媛媛、刘伟、薛芳、何远琼、魏晨、香玉、
赵毅、王帆、雷宁、顾宇辰、王天阳、袁欢、孙雪
视频剪辑：杜运洪、李可、高昊才
商务合作：高忆宁、马杰
出版联络：任喜霞、吴雪琴
研究支持：徐玉蓉、陈帅
媒体宣传：于金琳、索新怡、张雅琪
技术支持：高宇峰、胡炳妍

总 序

为什么做"互联网口述历史"(OHI)*

方兴东

2019年是互联网诞生50周年,也是中国互联网全功能接入25年。如何全景式总结这波澜壮阔的50年,如何更好地面向下一个50年,这是"互联网口述历史"的初衷。

通过打造记录全球互联网全程的口述历史项目,为历史立言,为当代立志,为未来立心,一直是我个人的理

---

* 编者注:"互联网口述系列丛书"内容来源于"互联网口述历史"(OHI)项目。

想。而今,这一计划逐渐从梦想变成现实,初具轮廓。作为有幸全程见证、参与和研究中国互联网浪潮的一个充满书生意气的弄潮儿,我不知不觉把整个青春都献给了互联网。于是,我开始琢磨,如何做点更有价值的工作,不辜负这个时代。于是,2005年,"互联网口述历史"(OHI)开始萦绕在我心头。

我自己与互联网还是挺有缘分的。互联网诞生于1969年,那一年我也一同来到这个世界。1987年,我开始上大学,那一年,互联网以电子邮件的方式进入中国。1994年,我来到北京,那一年互联网正式进入中国,我有幸第一时间与它亲密接触。随后,自己从一位高校诗社社长转型为互联网人,全身心投入到为中国互联网发展摇旗呐喊的事业中。20多年的精彩纷呈尽收眼底。从20世纪90年代开始,到今天以及下一个10年,是所谓的互联网浪潮或者互联网革命的风暴中心,是最剧烈、最关键和最精彩的阶段。

但是,由于媒体的肤浅和浮躁,商业的功利与喧嚣,迄今,我们对改变中国及整个人类的互联网革命并没有恰如其分地呈现和认识。因为这场革命还在进程当中,我们现在需要做的并不是仓促地盖棺论定,也不是简单地总结或预测。对于这段刚刚发生的历史中的人与事、真实与细节,进行勤勤恳恳、扎扎实实的记录和挖掘,以及收集和积累更加丰富、全面的第一手史料,可能是更具历史价值和更富有意义的工作。

"互联网口述历史"仅仅局限在中国是不够的。不超越国界,没有全球视野,就无法理解互联网革命的真实面貌,就不符合人类共有的互联网精神。迄今整个人类互联网革命主要是由美国和中国联袂引领和推动完成的。到 2017 年底,全球网民达到 40 亿,互联网普及率达到 50%。我们认为,互联网革命开始进入历史性的拐点:从以美国为中心的上半场(互联网全球化 1.0),开始进入以中国为中心的下半场(互联网全球化 2.0)。中美两国承前启后、前赴后继、各有所长、优势互补,将人类互联网新文明不断推向深入,惠及整个人类。无论存在何种摩擦和争端,在人类互联网革命的道路上,中美两国将别无选择地构建成为不可分割的利益共同体和命运共同体。所以,"互联网口述历史"将以中美两国为核心,先后推进、分步实施、相互促进、互为参照,绘就波澜壮阔的互联网浪潮的完整画卷。

在历史进程的重要关头，有一部分脱颖而出的人，他们没有错过时代赋予的关键时刻，依靠个人的特质和不懈的努力，做出了独特的贡献，创造了伟大的奇迹。他们是推动历史进程的代表人物，是凝聚时代变革的典范。聚焦和深入透视他们，可以更好地还原历史的精彩，展现人类独特的创造力。可以毫不夸张地说，这些人，就是推动中国从半农业半工业社会进入到信息社会的策动者和引领者，是推动整个人类从工业文明走向更高级的信息文明的功臣和英雄。他们的个人成就与时代所赋予的意义，将随着时间的推移，不断得以彰显和认可。他们身上体现的价值观和独特的精神气质，正是引领人类走向未来的最宝贵财富！

"互联网口述历史"自2007年开始尝试，经过十多年断断续续的摸索，总算雏形初现。整个计划的第一阶段成果分为两部分。一部分记录中国互联网发展全过程，参与口述总人数达到200人左右的规模。其中大致是：创业与商业层面约100人，他们是技术创新和商业创新的主力军，是绝对的主体，是互联网浪潮真正的缔造者；政府、安全与法律等相关层面约50人，他们是推动制度创新的主力军，是互联网浪潮最重要的支撑和基础；学术、社会、思想与文化等层面约50人，他们是推动社会各层面变革的出类拔萃者。另一部分是以美国为中心的全球互联网全记录，计划安排300人左右的规模。大致包括美国150人、欧洲50人、印度等其他国家100人。三类群体的分布也基本同上部分。第一阶段的目标是完成具有代表性的500人左右的口述历史。正是这个独特的群体，将人类从工业文明带入到了信息文明。可以说，他们是人类新文明的缔造者和引领者。

自2014年开始，我们开始频繁地去美国，在那里，得到了美国互联网企业家、院校和智库诸多专家学者的大力支持和广泛认可，全面启动全球"互联网口述历史"的访谈工作。目前，我们以每一个人4小时左右的口述为基础内容，未来我们希望能够不断更新和多次补充，使这项工程能够日积月累，描绘出整个人类向信息文明大迁移的全景图。

到2018年年中，我们初步完成国内170多人、国际150多人的口述，累计形成1000多万字的文字内容和超过1000小时的视频。这个规模大致超过了我们计划的一半。所谓万事开头难，有了这一半，我的心里开始有了底气。2018年开始，将以专题研究、图书出版以及多媒体视频等形式，陆续推向社会。希望在2019年互联网诞生50年之际，能够让整个计划完成第一阶段性目标。而第二阶段，我们将通过搭建的网络平台，面向全球动员和参与，并将该网络平台扩展成一个可持续发展的全球性平台。

通过各层面核心亲历者第一人称的口述，我们希望"互联网口述历史"工程能够成为全球互联网浪潮最全面、最丰富、最鲜活的第一手材料。为更好地记录互联网历史的全程提供多层次的素材，为后人更全面地研究互联网提供不可替代的参考。

启动口述历史项目，才明白这个工程的艰辛和浩大，需要无数人的支持和帮助，根本不是一个人所能够完成的。好在在此过程中，我们得到了各界一致的认可和支持，他们的肯定和赞赏是对我们最佳的激励。这是一项群体协作的集体工程，更是一项开放性的社会化工程。希望我们启动的这个项目，能汇聚更多的社会力量，最终能够越来越凸显价值与意义，能够成为中国对全球互联网所做的一点独特的贡献。

目录
CONTENTS

访谈者评述 /001
业界评述 /002
口述者肖像 /004
口述者简介 /005

壹 首封中国电子邮件 /010
　贰 中国早期的计算机专业科班出身 /015
叁 中科院的老人老件儿 /024
　肆 引介计算机网络的先行者 /031
伍 早期联想的副总工 /037
　陆 帮忙做出的产品 /043

- 柒 参与"中国国家计算与网络设施"项目 /048
- 捌 打通中国第一个互联网国际信道出口 /055
- 玖 中国国家顶级域名的技术联络员 /064
- 拾 遗憾没有做得更多 /080

―语录 /085
―链接 /087
―附录 /091
―相关人物 /105
―访谈手记 /106
―其他照片 /111
―人名索引 /115
―参考资料（部分） /119
―编后记1 /122
―编后记2 /139
―致谢 /168
―互联网口述历史：人类新文明缔造者群像 /176
―互联网实验室文库：21世纪的走向未来丛书 /194
―注释 /199
―项目资助名单 /211

访谈者评述

方兴东

钱华林老师是比较幸运的，根服务器能够落到中科院里，他在技术这块起了关键性的作用。应该说只有根服务器落到他们这里，他作为一个学术界人士，才有可能在互联网界占据一个比较重要的位置。我觉得国内学术界在整个互联网的发展过程中，真正起到的作用非常有限，没有太多空间，但钱老师在里面做出了极大的贡献。而且钱老师跟一般的学者也不一样，他不仅积极参加国际网络的治理，还在产业界有所作为，他是具有产业眼光的学者，所以他的视野会比传统的、一般的学者更加开阔。他成为继胡启恒院士之后，第二位入选国际互联网协会（ISOC）的"互联网名人堂"的中国人，可谓实至名归。

业界评述

钱华林是我们 NCFC（中国国家计算机与网络设施）的，反正在主要的设计队伍里，他当时也是一个带头的，所以这也是他该做的。NCFC 的设计队伍是互联网进入中国的第一批见证人，亲自的参与者。我觉得这样说比较客观，而且不张扬，也可以说他们是创始人。

胡启恒
（中国工程院院士）

毛伟

（北龙中网公司董事长）

钱老师，他的技术背景很强，是比较典型的技术专家。他那时候那么大年龄了，还可以自己编程。整个我们这儿的科技网联网，他是网络建设技术主管，带着学生来攻关。从技术上来说，他算"第一把交椅"了。他在联想生产了当时的传真卡，就像调制解调器（Modem）一样，插到电脑里面可以直接拨号用，那就是他自己弄的。

口述者肖像

口述者简介

钱华林,中国科学院计算机网络信息中心研究员。曾任网络信息中心副主任,是中国互联网重要的开创者之一,于1994年4月首次实现了中国与国际互联网的完全连接。主持建立了中国的域名体系,担任中国与国际互联网的技术和行政联络员,并组织中文域名系统的研究和开发。目前任中国互联网协会副理事长,中文域名协调联合会主席等职。独立及联名发表科技论文一百多篇,培养硕士、博士研究生六十多名,获得中科院及国家科技进步奖十多次,享受国务院政府特殊津贴。

1940 年 12 月
出生于江苏省宝山县（现上海市宝山区）。

1965 年，25 岁
毕业于中国科学技术大学计算机专业。

1966 年起，26 岁
从事计算机体系结构研究和整机的研制。

1975 年起，35 岁
关注计算机通信和计算机组网技术的研究。

1980—1982 年，40～42 岁
在美国进行计算机网络的访问研究。

1983—1984 年，43～44 岁
在德国进行网络交换机的合作研究和开发。

1986 年，46 岁
主持设计了第十一届亚运会电脑信息系统总体方案。

1986 年起，46 岁
在国际上较早研制、开发了多种型号的传真/数据/语音通信系统，并作为产品销售上万套。

1989 年 10 月起，49 岁
主持世行贷款国家重点学科发展项目"中国国家计算与网络设施"（NCFC 工程）的工程建设工作，

于1994年4月首次实现中国与国际互联网的全功能连接，同时担任中国国家顶级域名（.CN）的技术联络员（后兼任行政联络员）。

1997年1月，57岁

成为中国互联网络信息中心（CNNIC）专家组成员。

2000年，60岁

担任亚太顶级域名组织（APTLD）第一任主席。

2002年起，62岁

连任三届亚太互联网信息中心（APNIC）执行委员。

2003年6月，63岁

当选国际互联网络名字与编号分配机构（ICANN）理事会理事，这是中国专家第一次进入全球互联网最高决策机构的管理层。

2005年，65岁

中科院计算机网络信息中心首席科学家。

2007年至今，67岁

科技部973基础研究信息领域专家咨询组成员。

2014年，74岁

入选国际互联网名人堂。

钱华林 篇

到我老了,还是遗憾没有做得更多

访谈: 方兴东
口述: 钱华林
整理: 何远琼
时间:2014 年 1 月 27 日(9:00—11:00)
地点:中科院计算机网络信息中心 1 号楼 304
文本修订: 4 次

光荣与梦想
互联网口述系列丛书

钱华林篇

首封中国电子邮件

壹 首封中国电子邮件

我看新闻报道说，2012年6月，你发了首封中文域名电子邮件？

* * *

对，2012年6月19日，以我的名义，使用"钱华林@中科院.中国"，向北京、香港、台湾、新加坡、德国等多个地方的互联网专家发了封中文域名的电子邮件。这是一项很有意义的工作，是在国际化多文种域名的基础上，由多个国家和地区的网络技术人员长期联合工作的结果。我们中国人的邮件名字，用ASCII[1]字母表达，是很难记住的。例如我们单位姓李的人，有的写成 Li，有的写成 Lee。以我的汉语拼音名字 Qian Hua lin 为例，把邮件域名写成 QHL、Qhualin、HualinQ、HLQian、H.L.Qian 都是可能的，发邮件时怕写错，不得不去查对核实。如果能用汉字"钱华林"，就容易记了。配上中文域名后，成为"钱华林@中科院.中国"，最大的好处就是方便记忆和使用。当然，中文域名电子邮件系统是国内外很多人长期工作的结果，只是用了我的名义发出而已。

至于说它是中国首封电子邮件，是有一些争议的。CNNIC[2]确认的中国首封电子邮件是当年中国兵器工业计算机应用研究所[3]的那封内容为"越过长城、走向世界"的邮件[4]。我看到过这封邮件的签名人是多位当时主管这些事的相关领导，具体操作的技术人员可能并没有在里面。后来中科院高能物理研究所的吴为民[5]研究员，从计算机的磁带里找出来一些信息，在《科学时报》上发表了大概有半版的文章，说明他是第一个发邮件的中国人。

这个事情 CNNIC 是有一些资料的。但其实我是不大赞成大家都说是"第一封"的，因为"第一"实在太多，加一个条件就是第一。比如，有人说："我是中国人，我很早就在美国发邮件了，我算不算第一个发邮件的中国人呢？"再比如，中国科学院高能物理研究所和兵器工业部采用 X.25[6]协议和 DECNet[7]协议，实现了与欧洲和北美地区的计算机国际远程联网，吴为民和钱天白[8]在网上进行了第一次电子邮件通信。还有我们这个互联网在 1994 年连通的时候，也有人用它发了第一封邮件。还有前面说到的中文域名电子邮件。所以在不同的环境下第一次发的电子邮件，都可以用"第一封"邮件来标识，争论的意义不大。

2012年，中文邮箱开通仪式。

（供图：钱华林）

光荣与梦想
互联网口述系列丛书

钱华林篇

中国早期的计算机专业科班出身

你能简单回顾一下你的个人历程吗？

* * *

我出生在江苏省宝山县月浦区盛桥镇钱家宅。那时候宝山县归江苏省，后来才变成上海的郊区。这个镇实际上周围全是农村，除一些小门店外，镇里人也都是种田的。我父母都是不识字的农民，因为地少，父亲常年在河里摸鱼捞虾，母亲在农忙季节总给人家在田里做短工。父亲在我虚岁五岁的时候就去世了，那时候我还不太记事。听母亲说他白天还给人家挖塘泥，晚上觉得不舒服，叫了个郎中给他扎针，结果一扎针就惨叫，就不行了。父亲去世后，生活就更艰苦了。

我在农村，读书很晚。父亲去世一年后，母亲就改嫁了。五岁的我随母亲到了继父家，八岁的哥哥留在老家。我的祖父是被日本人烧死的，哥哥就和祖父的一个单身弟弟一起生活，非常贫苦。继父的前妻也是病故的，留下一个比我小一岁的弟弟。因为大人们都忙着下地干活，继父与母亲生的小弟弟，只能由我来带。比我小一岁的异母异父的弟弟就先去上学了。我小时候渴望上学读书，常常抱着小弟弟探头探脑地在学校教室的窗外向里张望，也就认识了不少字。等我上学读书的时候，我不愿意上比我小一岁的异母异父的弟弟低一年级的课程，在获得老师的同意后，直接和弟弟读同一个年级。我们那个时候上学，都还要干农活，特别是周末，全天下地干农活。但我挺喜欢读书，成绩一直不错，年年把第一名的奖状拿回家。考初中那年是1954年，那时候学校动员学生学习徐建春[9]，留在农村务农。可我的老师却多次偷偷跑到家里来动员，让我一定要考初中。因为家里贫穷，继父认为读个小学就够了，但母亲坚持让我们兄弟俩去考，她表态，只要我们能考取，家里再穷，也一定要继续读下去。

我是在1957年上的高中，那时候高中很难考，全镇及周围农村的20多个同学中只有4个人考上了。我是1960年考上的中国科学技术大学。那时候科大校址还在北京玉泉路那边。**我大学时学的是计算机专业。据我所知，科大是国内最早开设计算机专业的。**科大的计算机专业跟科学院计算所关系很密切。其实我上这个专业也是误打误撞，当时考什么专业呢，家长不知道，老师其实也不知道。我们那时候的中学老师，没有辅导过学生怎么报志愿，只是把各高校寄来的宣传材料张贴出来就完事了。高考前，复旦大学数学系来我们高中招学生，让学校推荐学生参加面试，出一些数学题目让大家做。后来学校就推荐了两个，结果那两个被推荐的都去了复旦。老师后来告诉我们，虽然复旦的数学系很强，但学校让几个成绩最好的自己去考。在贴出来的高校材料中，其中就有科大的数学系，我一看那个系主任是华罗庚[10]，计算机专业又比较新，就报考了。**其实，那时候也不知道学数学有多大用，觉得数学好像是最神秘的科学了。主要是看华罗庚，他很有名气，这个学校、这个专业就应该行。**

那个时候就直接叫计算机专业了，是数学系里的计算机专业。其实，报考前，我根本不知道什么是计算机，就知道这个东西比较新奇，就考了。我当时报的志愿中，第一个就是科大，第二个是清华，第三个是北大。在中学里，我成绩比较好，不管学校组织什么数学比赛、作文比赛，我总能拿到很好的成绩。所以我这么填，老师也不说你这样填不行。但是现在哪有这样填的啊。

我们在学校里能接触到计算机，还能上机呢。校园里就有计算机，国产的103[11]。那时候上机，用穿孔纸带。怎么上呢？就是老师出一个题目，比如说sin1度到90度步长1度，计算出90个值并打印出来，我们就编写程序，老师把我们的程序纸统一收起来送到计算所的穿孔室，由穿孔员把程序穿到纸带上。我们自己检查并改正纸带上的孔，再输进计算机。

应该说我们学校能有计算机，就很不错了，当时别的学校是不可能有的。我们在读二年级的时候，计算所的培训班就有人住到我们宿舍里来。这些人是从全国的大学里还未毕业的学生中抽调出来学计算机的，有的人还穿着军装。这样的训练班办过好几次，我们赶上的还算比较晚一点的了，因为我们是1960年级，是第三届了，科大的计算机专业第一届是从1958年开始的。为什么住到我们宿舍来呢？他们是来听我们学校的计算机课程的。

贰 中国早期的计算机专业科班出身

在我五年的大学时光中,有一件事挺波折的,好在最后还比较幸运。在我上大学三年级的时候,病了一场。记得那是在五一前后,吃晚饭后我们都要背着书包去上晚自习。结果我上楼就不行了,胸口疼,抓着栏杆去教室上完自习后,更是疼得不行了。当天晚上在校医院床上疼得直打滚,第二天同学就把我送到北大医院。一到那儿,医生在我胸部敲敲打打,用圆珠笔在我胸口画,说你这不行,是急性心包炎,得赶紧住院。我这一住就是两个多月,是结核性心包炎,需要每天打针吃药。当时学校有规定,五个星期不上课的话,就必须得留级。我两个多月没上课,出院回校的时候,正好是期末考试,而且是夏天的升年级的期末考试。我想参加考试,学校不允许,坚持要我留一级。后来我们班的学习委员带我去找教务处,说我平常成绩很好,能跟得上,不愿意留级。后来教务处就答应让我暑假后补考。那个暑假我就躺床上复习,也不敢多看书,因为时间一长,就浑身燥热,得赶紧停下来。每天各门功课加起来的复习时间也不超过两个小时。我记得开学前有八九个同学补考,我就跟他们一起,等于也是补考。他们每人补考一门,最多两门,而我是所有科目都得补考。说是复习,其实每门课的后一半都没有听讲过,相当于自学,比补考的同学更难了。但补考成绩还不错,学校就同意我升级了。

虽说升级了,但是我的身体状况仍然难以支撑日常的学习强度。每次上课,我都无法坐在联排的翻手椅上听课,即使挺直了身子,也只能用屁股尖坐在椅子的前沿,感觉身体会好受一些,也很难坚持到下课。班里的同学对我非常关心和照顾,每节课都专门给我搬一张单人课桌和一把椅子,放在联排翻手椅的边侧,靠墙放着供我听课使用。大学的课程总是变换教室,有时在一楼的一节课结束了,下一节课在六楼,短短的十来分钟,楼道里、楼梯上人来人往,还要赶去上厕所。我的同学们要帮我搬着桌子和椅子上下楼换教室,那时没有电梯,辛苦可想而知。但他们这样做了大半年，从无怨言。每每想起这些，总让我感动万分。

我是1965年按计划毕业的。后来发现，这个坚持不留级的决定是做对了，不然1966年的"文化大革命"一来，无法正常毕业，要拖到1969年才能分配工作，相当于留级四年。当时不知道这种结局，现在想起来有些后怕，真是运气光顾了我。

我这个病一直养了大概大半年，后来才慢慢转好。好了以后，对我还是有一定影响。因为结核性心包炎，治疗以后，心包会有部分钙化。此后很多年，一到刮风下雨或阴天，心区就会有些隐隐地疼。过了十几年，才慢慢不疼了。现在身体倒是还可以，基础病没有，暂时还没有"三高"。

光荣与梦想
互联网口述系列丛书

钱华林篇

中科院的老人老件儿

你大学毕业后是直接分配到中科院的吧,主要从事什么工作?

* * *

对。1965年大学毕业后,直接分配到中科院计算所,在运算控制研究室。那时的研究室是按计算机的各种部件划分的,有总体、运控、存储、外设、电源、机械结构、系统软件、计算数学、整机维护及仪器设备等研究室。到所的第一年,我与所里的科研人员一起去河南参加了"四清"。回所后,"文化大革命"开始了,但计算所承担了一些国防部门需要的计算机的研制任务,所以科研工作并没有受到影响。

我参加过多个项目的设计和研制,有的任务中途停止。其中20世纪60年代后期启动的一个叫111的计算机系统,是计算所最早的集成电路计算机,从设计、制造、调试,到运行维护和部件改进,我参与的时间将近十年。这个计算机是用于监测空间目标的,它把计算字长分为三段,对距离、水平方位角、仰角这三个维度同时运算。后来用户方不需要了,又改成通用的定点计算机。由于当时330ns周期的磁膜存储器没有过关,我带领两位机组人员研制了同等性能的磁芯存储器替代了它。同时我们编制了大量监测和诊断该计算机各种部件的软件,有十多万行汇编程序。早期的集成电路计算机,对有内部缺陷并影响机器可靠性的集成电路没有现成的手段将其事先剔除,我们提出了很有效的测试和淘汰方法,并分析了低频浮空失真的成因和处理方法。这些研究成果的发表，也为国内其他单位研究集成电路计算机提供了借鉴。

从1977年起，我参与并主持了一台名为"数控五"的数控计算机的研制，它同时控制五台机床，实现了对印制电路板自动曝光走线和打孔的控制。这为计算所后续研制的计算机提供了自动化的制造工具。

中科院计算所是我国最早做计算机的单位，应该有不少值得留念的东西吧？

* * *

计算所造的计算机，跨越了电子管、晶体管、集成电路到大规模集成电路的所有阶段。想起早期的磁鼓存储器，磁带存储器，纸带穿孔机，纸带输入机，打印机，键盘输入器，显示器，称为Te-Ka-Ka[12]的电子管插件，成排的开关，跟黄金一样贵的磁芯存储体、底板和插件上规范的走线和圆润的焊点……历历在目，倍感亲切。

遗憾的是，这些老机器老设备，都被拆了，送入了垃圾站，一个都没能留下。**其实计算所应该搞一个博物馆，好让青少年有个感性认识，知道早期的计算机是什么样子的，但为时已晚。**所里也有所史，也有一些文字资料，但实物太少了，都是靠大家的回忆。我家里就有一个当初是109丙机[13]上用的插件，上面有十八个晶体三极管，几个二极管，其余都是各种各样的电阻和电容。所有元器件的腿，都用不同颜色的塑料套管套好后，弯成整齐划一的形状，焊接到双面印制电路板上。倒插头的引线用了红、黄、蓝三种不同的颜色，整齐漂亮。周边是铸造的金属框架。为了防潮，除了插头和边框外，都用清漆浸泡过，清亮如新。这个插件，是机器被拆解后，装卡车时掉在400号楼门外的，当时被我不经意地捡了。如今已经过去了将近50年，现在这东西要收集就很难了。人老了，会时不时拿出旧物来看看，回忆一下当年的情景。

听说你的出行方式很特别，自行车是你的主要出行工具？

* * *

是的，我一辈子只使用过一辆自行车，对它很有感情。1969年，一个同事给了我一张自行车票，但卖车的商店总是缺货。我在738厂工作的一个大学同学发现他们那里的商店不时会有自行车出售，我让他帮我盯着点，一有车赶紧通知我。7月的一个周末下班前，他发现商店有自行车卸货，就通知了我。第二天一大早，我借了别人的自行车赶到大山子，排队等候商店开门，终于买到了这辆天津自行车厂出品的飞鸽加重自行车，价值172元，相当于我三个月的工资。此后，我的一家四口就在这两个轮子上出行。它的年龄比我的两个女儿都大，至今已经有45年了。我很幸运，我的同事有被偷走过10辆自行车的，像我这样一辆也没被偷的，实属少见。有时接待完外宾要离开时，看我推着自行车送他们离开，他们就会下车给我照个相，说这自行车质量这么好，可以送到原厂家当文物展出了。我现在都骑着它上下班，从单位到家只要7分钟。有一次我从单位开车回家，却要20多分钟。我去北京交大、北邮、电信研究院、清华、北大开会什么的，都是骑自行车。CNNIC主任毛伟[14]要送我一辆可折叠自行车，说是比较轻便些，我谢绝了。后来他又要送我一辆电动自行车，说是比较省力些，我还是谢绝了。我觉得这辆自行车结实，大梁长，骑起来稳当。**我现在很少打车，能骑自行车的，我就骑自行车，骑不了自行车的，我就坐地铁或者公交。我基本上都不愿意打车，一个人占一个车，占一个道，污染空气。**

光荣与梦想
互联网口述系列丛书

钱华林篇

引介计算机网络的先行者

你是从什么时候开始转到研究计算机网络方向的？

* * *

大约在 1975 年，我开始关心计算机网络通信方面的事情。那时候我们科学院买了很多 DEC[15]的机器，最早型号叫 PDP[16]，后来又有 VAX[17]等系列。早期这些机器也支持远程终端。原来上机都得跑到机房里，拉远程终端后，就可以不到机房。这个远程终端和计算机之间就要有一个通信，所以我们早就开始关心计算机的通信技术。十几米以内的近程通信是可以用一把线并行传输的，但远了就不可能，只能用一对线来通信。这就需要有通信协议，还得保持两边的同步。由于线少，这种同步信号只能从数据信号中提取出来，这就需要研究传输数据的编码。我对这些涉及数据通信的知识感兴趣，所以后来出国做访问学者时也学习了数据通信和网络协议等方面的知识。

我是从 1980 年 2 月 20 日到 1982 年 2 月 20 日在美国佐治亚理工学院做访问学者的。当时国家从高校和科学院各研究所选拔一批人参加外语考试，合格了就能去国外进修，叫访问学者。

我还是运气好，1978 年计算所选派了我去参加考试。但当初美国和加拿大还没有向我们开放，只有少量名额可以去英国，教育部让我们考法语。我们大学时候学的是俄语，第二外语选了英语，也只学过一年。工作后，觉得英语更有用，就把时间都花在英语上了。

我对教育部的管理人员说没有学过法语,他们说大家都没学过,自己准备一下吧。那就翻一翻、看一看,硬着头皮考吧。我记得从接到通知到考试也就是个把月时间,然后准备准备就去考了。结果去考的时候,临时说可以考英语了,因为加拿大可以接收中国访问学者了。英语虽不是我的第一外语,但总比法语轻松多了。我们科学院一共派了20多人参加考试,考上7个,其中有我,然后在五道口那儿的语言学院[18]集中学了四个月英语。学完后,教育部就让我们在家里等着,说是学英语的,派到加拿大、英国也可以。但英国当时没有几个名额,已经被人占了,我们这一批有18个人学英语的就等着去加拿大。1979年,教育部又选拔了200名学者进行了英语培训,并统一分到加拿大的各所大学,而我们早一年的这批18个人没有被分配。我们找到教育部时,负责外派的人说把我们十几个人给漏掉了。那也好,正好美国可以了,我们就自个儿找美国的大学,找到一个就派一个。当然美国比加拿大要好一点，我们十几个就都联系到美国去了。我呢，正好当时佐治亚理工学院有一个教授来我们这里讲学，我就请他帮我联系。他说他们系里有搞网络的教授，并且是美国《计算机网络》杂志的主编，他就给我介绍了。不久，我收到了对方的邀请函，就开始办各种手续去美国了。

那两年主要就是做网络研究了。听他们的课程，在图书馆看大量的书。因为当时国内没这方面的书，只是零零碎碎从杂志上看一些文章，不太系统。看书比较系统，收获是很大的。回国时，计算所新成立了一个十室——就是网络研究室。因为我在那边学网络，所以回国以后，网络研究室就要我。可是我出国前所在的八室，也非常需要我。两边争执不休。所领导就说，你哪个室也不要去，先在家里待着。我在家里待了半年。正好这半年，我就把在国外学到的东西整理出一本叫《计算机网络》的书。应该说，那还是算国内关于计算机网络方面比较早的书。

钱华林接待香港学生来访。

(供图：钱华林)

光荣与梦想
互联网口述系列丛书

钱华林篇

早期联想的副总工

那你在家待半年后就去了十室？到十室后主要负责哪些工作？

* * *

其实为避免两个室的矛盾，我没有正式去十室。正好当时中科院和德国夫朗霍夫学会[19]有一个合作项目，共同开发一个 X.25 交换机并组成一个 X.25 网络。所里就说我可以去上班了，去参加那个合作项目。于是我就到十室一个实验室去工作了。我们为那个项目开发了一些网络设备上用的插件和相应的软件，效率

伍 早期联想的副总工

很高。然后，1983年2月20日，我从美国回来后整整一年，就去德国了。到德国后，我又跟德国人合作，把这个网络的交换机做出来了。项目完成后，我于1984年5月底就回国了。那个时候，我们跟德国合作不错。科学院跟德国那边签署了许多合作交流项目，特别是人员交流项目挺多的。他们有洪堡基金[20]、马普基金、阿登纳基金等，资助中国的研究人员和学生去德国工作和学习的也很多。

我从德国回国的时候，正赶上联想[21]刚成立，就拉我进去。当时，中国科学院积极响应国家科技体制改革的号召，鼓励研究所办企业，转化所内科技成果。计算所就创办了计算所公司，就是联想的前身。刚成立的时候就十几个人，主要都是计算所里的人。我回国后，一边在网络研究室工作，一边在联想做网络技术支持，让我当副总工，倪光南[22]是总工。大家的人事关系都还在计算所。倪光南在联想花的时间更多，我主要帮他们为网络设备客户做一些技术方案设计及产品使用方面的咨询。

当时局域网已经兴起了。国内用得较多的是 Omninet、Plan2000、Plan3000 和 Plan4000 等局域网。当时 10 兆位速率的以太网用得不多,因为太贵,一块以太网卡要 10800 元。你想想,现在几十块钱就可以买到,甚至是不要钱的必备接口。

但早期联想的主流产品还是汉字系统,当时的 PC 机主要用来处理文字,汉卡就不能少。联想早期起步时,的确主要靠倪光南、竺迺刚[23]他们发明的联想汉卡[24]。汉字系统带动了 PC 的销售。后来联想把 AST286 机器做得非常红火,在香港的 AST286 厂家,出厂的机器直接运到联想的仓库,国内其他人想卖这种机器,只能找联想批发。

其实从 1984 年到 1989 年那五年期间,我的主要工作还是所里研究室的工作,在联想是零零碎碎的,主要是用户培训,或者给潜在的客户讲课。1989 年我们科学院中标中关村示范网络项目后,胡启恒[25]副院长就委托我们所长曾茂朝[26]来找我谈话,让我离开公司去做那个项目。

胡启恒当时也是在科学院吗？你和她是怎么认识的？

* * *

对。胡启恒副院长当时在院里分管信息口。我跟她认识是在我从德国回来不久,做亚运会的信息系统方案的时候。我们国家第一次搞国际性的运动会是1990年亚运会。1985年的时候,亚运会组委会要征集方案,要用电脑系统来管理运动会有关的各种事情,例如运动员的历史资料、各项目的运动员编组、赛程安排、每个项目的技术统计、比赛成绩的发布和查询、赛场内部和赛场之间的联网通信等,算是个很大很重要的信息系统工程。分管IT的胡院长,就跟我们院里计算所、软件所、计算中心几家单位说了我们应该来参加方案征集。当时院里组织了13个人,包括做项目管理、数据库、网络与通信等方面的人来做方案。因为我刚从德国做网络合作项目回来不久,就让我来牵头。她非常关心这件事,特意向院里给我们争取了5万块钱的经费,就这样我们住到体育大学里面封闭式工作。因为体育大学里有很多体育方面的老师,很多项目我们可以请教他们。后来我们做了一个多月吧,就做完了。我们住那儿的时候,胡院长经常来看望我们。

我们做了很大一厚本的方案,在胡院长的建议下,又编写了一个5万字的简缩本,后来我们的方案获得了最高分。虽然项目的实施由北京市负责,但我们方案中的很多内容都被采纳了。所以后来亚运会组委会把我纳入亚运会专家组,给我发了亚运会专用的衬衣、西服、裤子等全套的服饰。**还给了我一块牌子,是一个特别通行证,可以进入亚运会的任何一个场馆。**

光荣与梦想
互联网口述系列丛书

钱华林篇

帮忙做出的产品

我听说你在联想期间也开发过产品？

* * *

对。我记得是在 1986 年吧,做了一个 PC-FAX[27]产品。这件事呢,起因是我夫人所在的外部设备研究室,有两台传真机,想要让传真机跟计算机互联,但是他们对通信这方面了解较少。我太太问我能不能帮帮忙。后来我就用业余时间帮忙实现了 PC-FAX 系统的设计和运行。

我是做硬件出身的,但我在计算机房待过很多年,除维护机器外，时间都花在软件上了。做的软件主要有两类，一类是应用软件，例如计算机底板走线软件等；另一类是机器的一些薄弱环节的测试软件。机房的大多数测试程序都是我写的，最复杂的程序是磁芯存储器的最坏打扰。为了减轻夜里值班人员的辛苦，我的测试程序利用声控系统报告错误，值班人员不必下床，记录错误信息后，拍一下手就继续测试下去了。记得有一次著名数学家冯康来上机，一看我们机器半夜里还在测试并用语音报告错误，他说你们做得不错啊，计算机还能报告我哪儿错了。

这些硬件和软件兼有的知识背景，对我做控制和通信有很大的帮助。

我让我太太到邮电部传输所复印了一份传真的T4和T30协议文本。通过特定的硬件插在PC上，将计算机与传真机连接起来，然后在 PC 上用软件实现 T30 协议，让计算机与传真机交互应答，完成信令交互动作后，改用 T4 协议收发传真内容。传真数据是用一维码和二维码压缩的，编解码过程比较复杂。当时国内也有一些单位想做这样的系统，但都没有成功。国外也没有看到这样的通信系统。我们做得很快，**我记得从决定做这个事起，大概两个月的时间就差不多把它摸透，并初步实现了 PC 与传真机互相收发传真了。**

以后便成产品了，前前后后做了九个版本，开发了大量的软件，程序大约有 13 万行。绝大多数程序都是我一个人用业余时间写的，效率还算高。后来，将计算机连接一个手提的扫描器，不仅计算机中的文本文件和图像文件可以直接转换成传真格式发给远程的传真机，还可以把书上的印刷文字和图像直接扫描后发送出去。PC 收发传真也可以在后台工作，不影响 PC 的正常使用。后来又增加了 PC-FAX 系统进行各计算机之间的远程通信，例如一些政府部门，夜里 12 点开始从外地向北京报告各种业务运营数据和统计数据，完成了与传真无关的计算机网络传输文件的功能。通过一个来电叫醒的小部件，下班时你可以关机，外面打进来传真，该叫醒部件就会给计算机加电，然后自动进入传真或文件的接收。收完后，又自动关机。后来受某个部门的委托，实现了传真介入接收，为国家安全部门所用。

那时我不是也在联想做些事嘛，产品就由联想卖。我觉得我做技术比较顺手，生产、销售和管理等工作我就不在行了。跟联想打交道、开拓市场、产品推介、用户服务及产品维修等，都是我太太做的，她在这方面比较在行。

光荣与梦想
互联网口述系列丛书

钱华林篇

参与"中国国家计算与网络设施"项目

柒 参与"中国国家计算与网络设施"项目

胡启恒让你去做的那个中关村示范网络项目具体是什么情况，算是真正的网络吗？

* * *

这个项目是世界银行给中国的重点学科发展项目贷款支持的一个项目，世行专家起的名字就是"中国国家计算与网络设施"[28]，我们自己叫"中关村地区教育与科研示范网络"。原本贷款并不支持 IT 领域工程性质项目，清华大学胡道元[29]教授出了很大力气去争取把信息领域的工程项目列进去。后来经过世界银行专家组的讨论，同意拿出 420 万美元，在中关村地区建立一个超级计算中心。为了让这个地区的科学家用好超级计算机,必须要建立互联中科院、北大和清华的网络,通过网络使用计算中心的计算资源。对网络的要求很简单,一是要用光缆,二是速率不能低于10Mbps。同时,国家计委还配套相当于420万美元的人民币。项目很大,大家都想承担,谁来做?国家计委就说那你们分别写方案,由专家来评审。

主要由清华、北大、中科院三家做方案。清华那边,由胡道元和吴建平[30]牵头,北大由张兴华[31]和任守奎[32]牵头。中科院这边的方案由计算所负责总体设计的王行刚[33]研究员牵头,以计算所网络研究室为基础,软件所、计算中心派人参加。马影琳[34]是我们计算所网络研究室的室主任,我从德国回来后才当的副主任。

几家方案报上去以后,当时请了21个在京专家进行评审,比分比较接近。我们就比清华高0.7分,以微弱的优势胜出。当时国家计委科技司就说,既然你们多一点也算多,就由你们中科院来牵头,它们两个大

柒 参与"中国国家计算与网络设施"项目

学参加。1989年9月明确我们中科院牵头来做。王行刚总牵头,三家单位一起讨论了网络方案,确定以TCP/IP[35]为主,兼容DECNet和X.25/X.400等已有协议。然后于1990年4月工程启动,清华和北大的人员不变,中科院这边,总体组王行刚、软件所、计算中心等单位的人员全部退出,由计算所网络研究室承担全部网络工程的实施。作为研究室主任的马影琳,全面负责研究室的工作,包括NCFC项目,而我作为副主任,只承担网络工程项目的技术工作。到1992年底,三家的院、校网络基本建成。1993年,我们完成了三家单位之间的三角形光缆骨干网。

由于全网各处的光缆,都以10Mbps的速率运行,当时思科的路由器对中国是禁运的,我们只能从DEC公司购买设备,而DEC只有10Mbps速率的网桥,他们的路由器速率很低,最高只有64Kbps的速率,无法满足NCFC工程项目的需求。所以刚完成的NCFC网络,是用网桥[36]放在三角形的三个端点,将三个院、校网络互联在一起。每个院、校网络的内部,有一批连到各个研究所、各个大楼的六七十个以太网。网桥有什么问题呢？它的端口是用以太网方式对外发送数据帧的，而以太网用广播方式进行通信。对小的局域网，没有问题。网络大了，数十个以太网络通过网桥连接，每个人发出的数据包，都会广播给网上的所有人，就产生了广播风暴，使得网络信道充满了无用的数据包。为了解决这个问题，每个单位接入这个三角网的时候，都要有一个路由器来隔离一下。但当时买不到能支持10Mbps速率的路由器，我们就自己开发。利用开源的软件，在PC上安装4块以太网卡，修改开源软件，构成一个拥有4个10兆位以太网端口的路由器。路由器要7×24小时不间断工作，PC路由器显然比不上专用路由器的耐用性。为了能让这种PC路由器长期稳定地工作，需要把PC的硬盘、显示器、键盘等部件全部拆除，软件装在一张3英寸软盘上，插到一个软盘驱动器里。只要一启动PC的电源开关，软盘驱动器开始工作，将软件引导到内存并启动路由软件，开始工作。然后软盘驱动器自动停止工作，整个PC路由器不再有转动部件在运转，既降低了能耗，又提高了长期运转的可靠性。这些工作是交给李俊[37]完成的，他当时硕士

柒 参与"中国国家计算与网络设施"项目

毕业不久,具备了路由、交换以及各种必要的网络知识,能胜任这些工作。

这样的路由器做了 30 台,运行 TCP/IP 协议簇中的 RIP 路由协议。这个中关村教育与科研示范网运行 TCP/IP,实际上已经是中国互联网的雏形。

2004 年 4 月 15 日,钱华林向温特·瑟夫介绍用于 NCFC 的自制路由器。

(供图:钱华林)

2004年4月15日,钱华林与温瑟夫交谈。

(供图:钱华林)

光荣与梦想

互联网口述系列丛书

钱华林篇

打通中国第一个互联网国际信道出口

网络初步建成后,大家担心的事情显现出来了:没有什么用处。原因是多方面的:从事超级计算的人可以通过网络来用超级计算机,但由于美国的禁运,超级计算机还没有进来;即使进来了,从事超级计算的人也很少,网络也是空闲着的。当时 PC 还没有上网,只有一批小型机连了进来,所以上机的人也不多;网络上没有什么大家急需的信息和资料。另外,中关村地区范围不大,发邮件可能对方根本就不看,不如骑自行车跑一趟。以往国内一些单位建设过局域网,用得不好,大家称它们为花瓶。NCFC 完成后,很多

捌 打通中国第一个互联网国际信道出口

人担心又多了一个花瓶。但我们坚信,这个网络对科研人员是迫切需要的,国外网络上有大量科技资料,也有大量科研人员上网,如果我们能与国外的学术网络互联,就一定会很有用。为此,NCFC管理委员会和NCFC工程技术人员早就开始筹划与国际互联网的连接。

当时要打通国际互联是挺难的。我记得1992年6月份,我和马影琳到日本神户参加一个国际互联网协会召开的年会,称为"INET'92"[38],我们找到美国国家科学基金会负责国际联网的一个人,叫斯蒂芬·戈德斯坦[39],跟他谈,要求连接到他们的学术网——美国国家科学基金会[40]骨干。他没有答应,说他们的网络上连了很多政府部门和军事、军工部门[41],所以他不敢轻易答应同中国连接。这就是说有政治障碍。

我们为解决这个政治障碍,上上下下都在做工作。胡院长做的高层的工作,她担任NCFC管理委员会主任,她委托 NCFC 管理委员会的其他成员也一起利用各种机会去做工作,例如北大副校长陈佳洱[42],担任过我国的自然科学基金委主任,与美国的国家科学基金会对口,容易沟通。

我们当时跟美国密苏里大学堪萨斯分校的计算与通信系主任理查德·海塞林顿关系非常好。1993 年 8 月下旬,我和马影琳俩人去参加"INET'93 会议",这个会在旧金山开,规模很大,有一千多人参会。我们俩去了以后,这位系主任本来并没有打算参加那个会的,但他专门飞过来,问我们住在哪个旅馆,他也住在那个旅馆来帮忙,整天陪着我们找那些参会的互联网的重量级人物,把我们介绍给他们,说明我们的来意。

还有韩国 Kaist 大学[43]的一个教授,叫作全吉男[44],他和胡院长也非常熟。他是韩国互联网之父,他对中国联网非常关心,也帮了很多忙。最典型的一次就是旧金山这次会议之后,在旧金山北边的一个海湾开一个叫CCIRN[45]的小会,是洲际科研网络协调委员会的会议,四五十个人的规模。全吉男是AP CCIRN,就是亚太地区CCIRN的主席。这个会就是专门讨论各个国家之间科研互联网怎么互相配合、互相协调的。全吉男说如果中国要连进来,应该去参加这个会议。这个会把我们中国和俄罗斯要联网的事情作为议程进行了简短的讨论。会上很多国家的科学家都说完全应该让中国和俄罗斯的科研网络连进来,说科技没有国界,必须进行交流。会上斯蒂芬·戈德斯坦的上司斯蒂芬·沃夫[46]提到美国能源部也希望与中国同行互联,我的理解就是我们中科院高能物理研究所与斯坦福线性加速器中心[47]同行之间的网络通信活动。他们这些人对我们4月20日能连到国际互联网,还是起了很大作用的。这样到了1993年底,美国国家科学基金会意向性地同意中国连进国际互联网。同时,我们安排李庆云高工加紧国际信道的租用、测试和开通。1994年3月,她对北京到夏威夷的卫星信道的误码率进行了十多天的测试。1994年4月，中美双边科技联合会议召开期间，中国科学家代表团与美国国家科学基金会官员见面，胡启恒副院长与美国国家科学基金会的负责人商谈，正式敲定了此事。

要开通与国际互联网的连接，当时国内也有障碍。主要是当时我国的电信政策规定，租用的国际专线只能由作为租用单位的网络中心自己使用，不能给别的研究所和大学共享使用，认为那样就是把租来的国际信道转租给别人，这是不允许的。胡院长带着我们去见邮电部的领导，说明网络就是要共享的，不然大家连在一起就没有意义，也就不能利用网络做学术交流了。最后朱高峰[48]副部长答应了我们的要求。

当时国际互联的速率不是很高，只有64Kbps，但费用很高。世界银行专家组认为国际联网的任务超出了世行贷款的支持范围，不能从项目经费中支付。NCFC管理委员会讨论此事时，管委会成员、科技部的冀复生[49]总工非常重视这个问题。经过几次讨论和多方努力，最终我们得到了一笔重要的支持经费，分三年用，不足的部分请中科院帮助解决，从而克服了经费障碍，为国际联网的实现奠定了基础。

除了上面讲的国际政治障碍、国内政策障碍、项目经费障碍外，国际联网的最后一道障碍就是设备和技术障碍。没有成熟的思科路由器，我们就用DEC公司的NIS600作为国际联网的出口路由器，并安排李俊、张曦琼[50]等做开通网络连接的技术准备。1994年4月19日深夜，李俊与美方技术人员双方配合完成了网络协议的开通，并宣布4月20日为中国实现全功能国际联网的日子。

4月20日开通没有什么仪式，那时候不重视这些。**我们在1994年4月20日开通中国与国际互联网的连接，运行TCP/IP协议，当时互联网上的所有功能就都能用了，所以我们叫作全功能连接。**国际互联网协会每季度出版一期杂志,叫 Newsletter(《时事通讯》),最后一页的封里是一张彩色的世界地图,有互联网全功能连接的国家,颜色是红的;只能通电子邮件的国家,颜色是黄的;没有任何网络功能的,用白色充填。4月20日以后出版的所有 Newsletter,都把中国标成红色了。在我们之前,中国科学院高能物理研究所为了支持国外科学家使用北京正负电子对撞机做高能物理实验,开通了一条64Kbps的国际数据信道,连接北京西郊的中科院高能所和美国斯坦福线性加速器中心,运行了 DECNet 协议。有了64Kbps的专线信道,用户可以利用局域网或拨号线路登录到中科院高能物理所的 VAXll/780(BEPC2)使用国际网络。但他们是经 SLAC[51] 机器的转接,可以实现与国际互联网的邮件通信,还不能提供完全的国际互联网功能。

国际信道开通,事情只完成了一半。因为没有域名解析服务,只能用 IP 地址对外通信,显然极其不方便。所以我们在谋划国际互联信道的同时,也在谋划设立国家顶级域名服务器和开通域名解析系统的事情。

2004年,互联网十周年庆典。

(供图:钱华林)

光荣与梦想
互联网口述系列丛书

钱华林篇

中国国家顶级域名的技术联络员

玖 中国国家顶级域名的技术联络员

你说的设立中国顶级域名（.CN）服务器的事到底是怎么做的，能详细讲讲吗？

* * *

域名的事，说起来还挺复杂。我们刚做 NCFC 这个项目的时候，目标是做一个超级计算中心，让中关村周围这一带的科研人员通过本地区的网络来使用这个中心的超级计算机。但当时有一个世行[52]专家委，里面有一部分外国专家，还有几个中国专家，我印象最深的是复旦大学著名的半导体专家谢希德[53]，还有清华大学研究生院院长吴佑寿[54]院士。他们两人,特别是吴佑寿院士经常跟我们说:"你们是不是又要做一个花瓶?"他希望我们计划得更远些,要让网络真正实用。所以,从1990年项目工程一开始,马影琳和我就关注国际联网和建立域名体系的事情。我们利用各种场合出去拜访与互联网有关的管理机构、大学、研究所和公司等,了解这些事情都是怎么弄的。大概是1990年年底,我们到美国去访问,我和马影琳,跑到美国硅谷那边的域名管理部门,要求注册我们国家的顶级域名.CN[55]。找到他们以后,他们告诉我们.CN域名已经被注册了。在国际根域名[56]下注册国家顶级域名,每个国家的域名都要两个联络员,一个行政联络员,一个技术联络员。行政联络员主要负责与注册的域名相关的行政、权益和责任等事务;技术联络员负责域名服务器的设置、运行和修改等技术性事务。当时一查,说是德国卡尔斯鲁厄大学的措恩[57]教授是.CN域名的技术联络员,T.B.Qian是行政联络员。注册信息里都有联系电话，T.B.Qian 就是钱天白，当时就在北京车道沟那边，我们回来就马上找他谈。

当时我们和钱天白还不认识。一谈才知道钱天白是北京计算机应用研究所的研究员，他在 1990 年 10 月就在国际互联网络信息中心[58]的前身 DDN – NIC[59]注册登记了我国的顶级域名.CN，通过国内 X.25 网与德国卡尔斯鲁厄大学连接，再连到国际互联网。因为域名服务器设备在德国卡尔斯鲁厄大学那边，操作和运行都由措恩负责，所以措恩是技术联络员，钱天白是行政联络员。我们当时正在建网，有国际连接的需求，需要把域名这个事办好。钱天白他们在国内没有互联网，更没有国际的互联网连接，只能把.CN 的域名服务器托管在国外。所以我们就表达了请他来一起合作的意思。钱天白这个人相当顾全大局，他一看我们是世行贷款项目，当时国家计委，还有中科院、清华、北大，都在做这个事，肯定要比他那做得强，就同意和我们合作，把域名迁移回国。他还介绍措恩教授给我们,并促成措恩教授也同意迁移的事。迁移顶级域名要求的条件是很苛刻的,要求原有的域名联络员、政府部门、互联网社群三方都支持才可以。但当时网络刚开始建设,就简单得多了。当时政府部门由 NCFC 管理委员会就可以代表了,里面有国家计委、科技部、国家自然科学基金委的领导,互联网社群只有中科院、清华和北大,很容易取得共识,所以只要钱天白和措恩同意就行了。而措恩肯定是听钱天白的,所以要想迁移回国,说服钱天白是关键。

我们考虑迁移国家顶级域名的工作很早就开始了,但开始研究我国的域名体系是在 1993 年。我出面召集了在北京的一批网络专家,除钱天白及 NCFC 各参建单位的专家外,还有赵小凡[60]、马如山[61]、曲成义[62]等项目外的专家,一起讨论我们国家域名体系怎么定,用两个字母还是用三个字母,设立多少个二级域名等。开过很多次会,统一大家的想法,以免定下来以后,有人觉得这个不好,那个不好,又有意见。因为正如前面说过的，任何一方不满意，根注册机构就会给你拖着，他说："你们还有人有意见，我不敢轻易给你办。"后来，胡院长等人发挥了很大作用，领导支持各方基本统一意见，我后来就成了这个域名的技术联络员，钱天白还是行政联络员。后来，钱天白不幸去世后，我就兼任了行政联络员。

我们打通国际信道出口后，虽然能连上互联网了，但因为没有域名，国外向中国发邮件很困难，只能用 IP 地址发。其实当时也可以到美国那边注册 .COM[63] 域名，那个快，可能一注册，要不了几个小时就开通了。但我们还是希望我们这个是中国官方最早的网，希望把国家的域名开通起来。

有的人不知道将 .CN 顶级域名迁移回国是怎么做的，以为把域名服务器从德国运回国内就行了，其实不是这样的。我们要设计好域名体系，设立服务器主本和多个副本，分配好这些服务器的 IP 地址和名称标识,确定服务器的各种属性参数,然后要求在根服务器中注册登记所有相关的信息,包括联络员的各种信息。当有以.CN为顶级域的域名解析请求时,根服务器将解析请求发送到我们的.CN服务器群,接着逐级完成解析服务。这些服务器大多是我们自己购买并配置的,所谓迁移,只是在根服务器中修改了.CN的注册内容。根服务器完成注册并开通运行,是在1994年5月21日实现的。**虽然此前已经在德国卡尔斯鲁厄大学开通了.CN服务器,但它里面只注册了三个域名,而这三个域名指向的网络,都不是运行TCP/IP的网络,因而也没有域名解析的活动,它只是一个象征性的系统,加之它不在中国,所以我们把1994年5月21日称为我国国家顶级域名.CN正式开通的日子。**

为了确保国家顶级域名的可靠运行,我们设立了5个以上的副本,这样,只要不是全部主、副本同时宕机,就能持续提供域名解析服务。为了提高解析效率,我们在美国和欧洲放了三个副本,都是托国外朋友帮忙提供免费服务的。这样，当美国和欧洲的网民访问中国的网络时，就可以就近在本地解析域名了。当然，这仅仅是我们早期的安排，现在的 CNNIC 已经大大增加了服务器的数量和性能，部署的国家和地区的数量也大大增加了。

三年以后的 1997 年 6 月 3 日，国务院信息办正式颁发公文由我们网络中心运行.CN 顶级域名，算是获得了国家的正式确认了。

现在有些人对注册域名有一点误解，以为注册.COM 域名，就是注册了国际域名，知名度就高了，其实不然。如果你的公司不是国际上很有名的大公司，你注册在.COM 下，几个缩写字母或汉语拼音，没有任何意义，别人根本不知道你是哪个国家的公司，失去了域名的标识作用。相反，如果用中文.CN 或者汉语拼音.CN，人家至少知道你是中国的一个单位，比较容易找到你。有一种错误意识，好像我用.COM 就是变成了国际的公司了。其实只有民族的才是国际的,只有你清楚地表明你是一个中国的公司,国际上才更容易知道你的身份,知道你是谁。当然一些有名的公司例外,但是这样的公司很少,大部分公司都不是这样的。[64]

2014年,接待德国措恩教授。

(供图:钱华林)

玖 中国国家顶级域名的技术联络员

你刚才说的网络中心是怎么回事？是中国互联网络信息中心 CNNIC 吗？

* * *

不是，那时候还不是 CNNIC，CNNIC 是 1997 年才有的。我们为什么要成立网络中心呢？是因为我们承担世行贷款支持的那个 NCFC 项目时，我们是计算所的一个网络研究室。国家计委有言在先，说绝对不能作为一个科研项目做完就完事了，我们做完以后，要新成立一个与研究所同级的单位，来运行管理发展这个网络。以前有过很多科研人员做完科技项目就干别的去了的教训，国家计委不让挂靠在计算所或者挂靠在一个别的什么单位，所以一边建设项目，一边筹备网络中心。

筹备组组长是宁玉田[65]，他是中科院高技术局的局长，兼任我们网络中心筹备组的组长，后来中心正式成立后，他继续兼任了两年网络中心主任，只是因为他退休比较早一点，所以大家提得比较少。当时的筹备组，除了宁玉田外，还有院里计财局局长张厚英[66]，计算中心数据库项目合并过来的张建中[67],院里派来的巡视员张玉良,加上我共5人。我当时主要负责NCFC的技术这块。当然,技术也不能说都是我管,马影琳和我一起管。只是马影琳当时没有进这个筹备组。后来网络中心正式获得中央编办的编制,于1995年成立时,马影琳仍留在计算所,我和十多位网络技术人员及辅助人员,从计算所调到网络中心,张厚英和张玉良也离开了。网络中心的全名是中国科学院计算机网络信息中心[68]。

1997年,中国科学院计算机网络信息中心(CNNIC)的早期员工。

(供图:钱华林)

玖 中国国家顶级域名的技术联络员

CNNIC 的成立,有两方面的准备。一方面是刚才讲的互联网国际联网的需要,需要由组织推进这些事,比如 1993 年就开始讨论中国顶级域名体系的事情;另一方面,当时国家有个信息化领导小组,下设一个国家信息化领导小组办公室,简称"国信办",设在电子部,吕新奎[69]副部长是负责人。当时我们做的这个项目,算是与国家信息化相关的大型项目,所以他们的会也邀请我们去参加。国信办看到各个国家都成立了"互联网信息中心"这样的机构来管理国家域名的注册和解析服务,就讨论了成立 CNNIC 的事项。当时的电子部和邮电部的网络规模都还较小,也没有像 NCFC 那样与国际上的各种互联网组织和机构有广泛、活跃的联系,都没有提出运行 CNNIC 的要求。除了中科院网络中心外,清华大学也提出想要运行 CNNIC。但考虑到中科院网络中心将.CN 迁移回国,已经设置和运行了域名服务器群,并且已经运行了三年,注册了大量域名,他们就决定把 CNNIC 放在中科院网络中心。同时,让网络中心与清华大学签署一份授权协议,把二级域名 EDU.CN 授权给清华大学运行。

首任 CNNIC 主任是毛伟,很年轻,也就是三十来岁。为什么叫他当主任呢?主要是我们做域名体系时委派了几个人做研究,这方面设置、配置什么的也需要做技术准备,就成立了一个小组,让毛伟来牵头做这个事。域名系统运行起来以后,就由他负责运行管理,1997 年 6 月成立 CNNIC 时,他就当主任了。像李俊一样,毛伟先后当了我的硕士和博士研究生。项目的需要,把我们这些人推到了前台。

CNNIC 工作委员会是专家委性质的。这个名单我记不清了,人员常有一些变动,主要有胡启恒、何德全、钱天白、曲成义、张兴华、赵小凡、吴建平、马如山,再加上一些部委和重要网络单位的专家和领导,后来陆续有更多的专家进来。首届专家委的组成大概是 1997 年国务院信息化工作领导小组发布专门通知确

玖 中国国家顶级域名的技术联络员

定的。除了中科院的,还有一批外面的专家,因为有很多互联网的政策法规,光我们讨论不管用,要大家达成共识,不同部门的一些专家都在一起讨论,将来制定出来的政策法规效果会比较好。当时很多互联网方面的政策法规,最早的起草都是在 CNNIC 工作委员会这边进行的,经反复讨论修改后,交给信息产业部审核修改发表的。

我觉得 CNNIC 这种管理形式,还是有很多创新的地方的,CNNIC 如果从一开始就放在邮电部,那中国互联网的道路又是完全不一样了,是吧?

* * *

是的,在中国互联网发展的初期,很多政策法规都是 CNNIC 工作委员会起草的。如果一开始放在邮电部那肯定不一样,**CNNIC 毕竟是一个第三方机构,不算是完全的行政单位,工作机制可能更灵活、更民主**

些，也更以技术标准为导向些。CNNIC是个独立的互联网域名运行管理单位，是个非政府机构。虽然很多人是属于科学院的，但所有的管理和决策，科学院是不干涉的，很多政策法规，全都是按照工信产业部的要求，经来自各方专家的充分讨论，一步一步推进它的各种安全措施和政策法规的。

国际上，大一点的国家，域名运行管理的单位都是民间机构，因为任何国家的域名解析系统，都是为全世界网民服务的，所以会反感政府对域名的这一套系统介入太多。美国政府对互联网的监控是最强的，通过互联网窃取各国政府、军队、企业甚至个人的信息，但它们也不断放松对ICANN[70]的管控。因为它们认识到，管控根服务系统，会降低国家形象，也不能获得额外的情报利益。不管控ICANN和根服务系统，它们照样可以利用大数据技术，从根服务器解析请求中获得必要的信息。**我也认为CNNIC管理这一块，这么多年来虽然也是有上面的压力，有下面的压力，**

但总体来说，还是有很多创新之处的，工作机制上还可以。

2000年，亚太地区顶级域名组织（APTLD）理事会。

(供图：钱华林)

光荣与梦想
互联网口述系列丛书

钱华林篇

遗憾没有做得更多

拾 遗憾没有做得更多

现在大家的关注点主要是谁上市了,谁融资了,谁发财了。对很多像你们一样做互联网基础性工作的,我们觉得呈现得远远不够。我看你也不太愿意接受媒体采访,是吧?

* * *

现在回想起来,我是推掉了很多采访,特别是电视台的采访,中央电视台、北京电视台的都有,我都谢绝了。我们所里有个小女孩,她们要做一个《指尖上的中国》的节目,来采访,我说你不要提我的名字,要写就写"马影琳等人"就行了。还有我们《科学时报》,现在改名为《中国科学报》,要用很大的版面,来介绍某某人的事迹。我是真的不想被宣传,我觉得我没什么好写的。**如果说我做过什么事,我觉得主要也是机遇,是当时正好赶上有项目。我要不在科技界,不在科学院,也不会赶上做这些事的。**很多事情是讲时机讲条件的,就像当时1994年和1995年我们的网络建设,只接64Kbps的线路,就是因为不具备网络基础条件,而且那时64Kbps的线路接到家里也没有用啊,网络上的应用太少了。现在呢,家里接1Mbps的线路都不够用了。所以,我觉得真没什么好写的。

我是2005年退休的。的确是退休没退岗。退休时就被返聘为中科院计算机网络信息中心首席科学家了。一直返聘到2011年,我就主动提出不要返聘了。因为我后来很多任务都是科技部的任务,网络中心的事反而不多了。我指的是科技部的973计划[71],我帮他们跟踪这些项目的进展,然后向他们汇报。除科技部

拾 遗憾没有做得更多

项目外,还有些事情,比如说发改委,有一个CNGI[72]专家委,在推进IPv6的部署,我也在做一些工作。

说起早期研制计算机,开发一些软件、通信产品以及后来做互联网的事,我自认为也是忙活了一些事情。我记得2011年,我不再接受所里的返聘时,所长安排我给我们全所副研究员以上的年轻人做了一次告别演讲,讲一些自己的体会,怎么做事情什么的。结束时我就对他们说,我感觉自己在年青时很抓紧时间,工作也很刻苦,但到老了,回想起来,觉得没做什么,就有碌碌无为的感觉。这是真实的感觉。所以我最后给他们的一句话是,**我自认为年青时非常勤奋,做事还有一定的效率,但到我老了,还是遗憾没有做得更多,感到一生碌碌无为。你们如果在年青时不抓紧,流失宝贵的时间,将来肯定比我更后悔**。这是真心的一个感受。其实我们每个人做的事,对整个社会科技的发展和进步的推进作用极小极小。你看我们现在用网用得那么舒服,光靠我们去建网联网,没有大家的创新和拓展,是没有多大用的。社会科技的进步真的是靠无数的人来推进的,是靠大家的努力来改善我们的生活的。这就是我谢绝很多采访的原因,对不起那些媒体的年轻人了。

2011年,CNIC-iCAIR战略合作备忘录签约仪式。

(供图:钱华林)

(本文根据录音整理,文字有删减,出版前已经口述者确认。感谢刘乃清等人为本文所做的贡献。)

语 录

○ 中文域名是多文种域名的一个文种,多文种域名包含阿拉伯文、日文、朝鲜文、意大利文、法文和俄罗斯文等。所以我们做的中文域名对于我们的中国网民有好处。[73]

○ 如果不把服务器搬回国内,每次注册域名都要送去德国,很麻烦的,而且这涉及主权问题。服务器刚搬回来的时候,只有三个域名,几年内发展到一千多个。[74]

○ 互联网是一个无结构的东西。据我所知,自然界有很多无结构的东西,我们叫作混沌系统。我们人造的系统几乎都是有结构的,唯一的例外就是互联网。[75]

○ 我国网络发展经历了几个关键阶段。Web 发展,它让大家访问网页能浏览到很多信息;美国商用网络允许我们接入,商业化之后谁都可以用,发展很快;如果没有电信的介入,我们网络产业也不可能发展那么快。[76]

链　接

2014年互联网名人堂入选者名单

一、互联网创始人/先驱（对早期互联网设计和发展做出突出贡献的人士）

1. Douglas Engelbart（已故）：鼠标发明者，图形用户界面先驱。

2. Susan Estrada：资助创建早期互联网——加利福尼亚教育与研究联合网。

3. Frank Heart：TCP/IP 协议前身的 ARPANET 协议创建者。

4. Dennis Jennings：早期主干网络——美国国家科学基金会（NSF）的创办者和发展者。

5. Rolf Nordhagen（已故）：挪威网络教父。

6. Radia Perlman：网页链接（Links）协议奠基者。

二、互联网创新者/改革者（对互联网技术、商业或政策发展等做出杰出贡献的人士）

1. Eric Allman：电邮 sendmail 技术发明者。

2. Eric Bina：首个互联网图形浏览器 Mosaic 发布者。

3. Karlheinz Brandenburg：推动现代数码音乐技术 MPEG 标准。

4. John Cioffi：数字模拟语言（DSL）之父。

5. Hualin Qian（钱华林）：中国互联网先驱。

6. Paul Vixie：域名服务器（DNS）开源软件 BIND。

三、推动全球互联者（在全球范围内对互联网普及和使用做出重要贡献的人士）

1. Dai Davies：将互联网技术引入泛欧洲地区。

2. Demi Getschko：将互联网引入巴西。

3. 平原正樹（Masaki Hirabaru）（已故）：日本互联网之父。

4. Erik Huizer：互联网文档工程师——网络创业资源中心（NSRC）和俄勒冈大学的研究员。

5. Abhaya Induruwa：在斯里兰卡开创学术和网络研究。

6. Dorcas Muthoni：计算机科学家和企业家，OPENWORLD 公司首席执行官（CEO）。

7. Mahabir Pun：推动喜马拉雅山区铺设网络。

8. Srinivasan Ramani：提议创建因素学术网络。

9. Michael Roberts：首家互联注册域名公司老板。

10. Ben Segal：将欧洲与世界互联网协议接轨。

11. Douglas Van Houweling：密歇根大学首席信息官。

附 录

中国的互联网络[77]

钱华林

（于 1997 年）

中国互联网络发展的历史

中国互联网的发展，大致可分为两个阶段：第一个阶段为非正式的连接，以收发电子邮件为主；第二个阶段为完全的国际互联网连接，提供国际互联网的全部功能。

中国最早使用国际互联网是在 1986 年。国内的一些科研单位，通过长途电话拨号到欧洲的一些国家，进行联机数据库检索。不久，利用这些国家与国际互联网的连接，进行电子邮件通信。从 1990 年开始，通过 CNPAC（三个节点的 X.25 网，CHINAPAC 的前身），利用欧洲国家的计算机作为网关，在 X.25 网与国际互联网之间进行转接，使得中国的 CNPAC 科技用户可以与国际互联网用户进行电子邮件通信。

由于 CNPAC 的国际通信费用十分昂贵，发往中国的电子邮件停留在国外的机器上，等待中国的计算机启动一次国际呼叫后取过来。这样，中国用户发出的电子邮件和收到的电子邮件，其国际通信费用均由中国用户支付。当时的费用大约为每千字节（KB）人民币 5 元左右，一般用户无法承受。上网数量甚少的中国科技界用户，不敢随便公布自己的电子邮件地址，对国外保持电子邮件通信的伙伴，要求他们严格控制电子邮件的数量和质量。

1993 年 3 月，中国科学院高能物理研究所为了支持国外科学家使用北京正负电子对撞机做高能物理实验，开通了一条 64Kbps 国际数据信道，连接北京西郊的中科院高能所和美国斯坦福线性加速器中心（SLAC），运行 DECNet 协议，尚不提供完全的国际互联网功能。但经 SLAC 机器的转接，可以与国际互联网进行电子邮件通信。有了这条专线后，通信能力大大提高，通信费用大为降低，促进了国际互联网的部分功能在中国的应用。

第二阶段是正式接入国际互联网，由中国科学院计算机网络信息中心（CNIC，CAS）于 1994 年 4 月完成。该中心自 1990 年开始，主持了一项"中国国家计算与网络设施"（NCFC）的项目，是世界银行贷款和国家计委共同投资的项目。项目内容为在中关村地区建设一个超级计算中心，供这一地区的科研用户进行科学计算。为了便于使用超级计算机，将中科院中关村地区的三十多个研究所及北大、清华两所高校，全部用光缆互联在一起。其中网络部分于 1993 年全部完成，并于 1994 年 3 月开通了一条 64Kbps 的国际线路连到美国。4 月，路由器开通,正式接入了国际互联网。

目前,经国家批准的可直接与国际互联网互联的网络(称为互联网络)有四个:中国科技网(CSTNet)、中国公用计算机互联网(ChinaNet)、中国教育和研究网络(CERNET)及中国金桥网(ChinaGBN)。它们的建成时间、运行管理单位及业务性质如表1所示。

表1 可直接与国际互联网互联的网络一览表

网络名称	运行管理单位	国际联网完成时间	业务性质
CSTNet	中国科学院	1994.4	科技
ChinaNet	邮电部	1995.5	商业
CERNET	国家教委	1995.11	教育
ChinaGBN	电子部	1996.9	商业

中国互联网络的现状

中国科技网(CSTNet)

中国科技网络经历了三个不同的工程发展阶段:NCFC,CASNet,CSTNet。

NCFC（The National Computing and Networking Facility of China）是中国国家计算与网络设施的英文缩写，是世界银行贷款"重点学科发展项目"中的一个高技术基础设施项目。该项目由中国科学院主持，联合北京大学、清华大学共同完成。项目总经费约七千万元，主要来自世界银行贷款及国家计委的配套资金，部分来自国家自然科学基金委、国家科委以及三个院校的自筹资金。

NCFC网络由三级组成：主干网、院校网、局域网。

院校网全部使用光缆。联网设备有网桥、路由器、光纤分布数据接口（FDDI）集中器、ATM交换机等。三个院校网分别称为CASNet-Beijing（中国科学院院网北京部分），PUNet（北京大学校园网），TUNet（清华大学校园网）。

主干网是用环形光缆干线将三个院校的网络中心互联而成的，为了可靠，使用10Mbps和100Mbps两个环，互为备份。

NCFC 主干网在中科院计算机网络信息中心设立了全网的网络中心,设置了网络监控、网络服务、科学数据库服务、网络超级计算能力和国际出入口等各种设施。

1994 年 5 月,NCFC 工程基本完成时,已连接了 150 多个以太网,3000 多台计算机,其中工作站以上的机器 800 多台,每天供数千名科研、教育人员使用。

CASNet 是中国科学院的全国性网络建设工程。该工程分为两部分:一部分为分院区域网络工程,在研究所集中的 12 个分院,用光缆连接分院内的研究所;另一部分是用远程信道将各分院区域网络及零星分布在其他城市的研究所互联到 NCFC 网络中心的广域网工程。该工程共连接了 25 个城市。

CSTNet 以中国科学院的 NCFC 及 CASNet 为基础,连接了中国科学院以外的一批中国科技单位而构成的网络。目前接入 CSTNet 的单位有农业、林业、医学、电力、地震、气象、铁道、电子、航空航天及环境保护等二十多个科研部门及国家自然科学基金委、国家专利局等科技管理部门。

CSTNet 在国内共使用了约 100 千米光缆、20 多套微波和 5 路卫星信道。

CSTNet 有 2Mbps 的信道连到美国，64Kbps 的信道连到法国，64Kbps 的信道连到日本。

CSTNet 为非营利、公益性的网络，主要为科技用户、科技管理部门及科技有关的政府部门服务。

中国公用计算机互联网（ChinaNet）

ChinaNet 是邮电部门建设的互联网络。项目从 1994 年下半年启动，1995 年 5 月完成了北京节点，安装了连到美国的 128Kbps 卫星信道，不久信道升级为 256Kbps 速率。

从 1995 年 8 月开始，全国 31 个省市自治区首府联网的工程被启动。计划到 1997 年年底，连接约 300 个城市。

几年来，随着用户数量的增加，ChinaNet 的国际信道不断升级，分别从北京、上海、广州向美国、日本、新加坡等地开通了多条信道，总容量约 10Mbps，预计明年（1998 年）建立 34/45Mbps 的高速国际信道。

ChinaNet 以 PPP 拨号入网的用户为主，最近，以每月 1.2 万到 1.5 万新用户的速度增长。

中国教育和研究网络（CERNET）

CERNET 是国家教委系统建设的学术性网络，旨在连接国内各高等院校，为教师和学生提供国际互联网服务。

网络从 1993 年 12 月开始立项，1995 年 12 月实现与国际互联网的连接。网络分为主干网、地区网和校园网三级。主干网包含 8 个地区中心，在全国的 8 个主要城市，以 64Kbps 及 512Kbps DDN 专线连接。

国际信道连到美国（2Mbps）、德国（64Kbps）及中国香港特别行政区（64Kbps）。

从各地区网的网络中心进一步连到本地区的大学，目前接入网络的大学约有 150 所，其中一部分已完成校园网，一部分正在建设，其余的只有少量系、室通过电话线路使用网络。

中国金桥网（ChinaGBN）

ChinaGBN 是由吉通公司建设的网络，该网络于 1996 年 9 月宣布正式提供服务。网络的结构主要是星形，以卫星信道为主，连接了 24 个城市。其中北京、上海、广州、深圳和武汉为骨干网城市，辅以地面信道的连接。

到美国的网络的国际信道为 256Kbps，最近刚开通了到美国的 2Mbps 信道。

中国互联网络的规模

接入网络的计算机数量

中国接入国际互联网的计算机数量，尚无完整的数据,表 2 是国外互联网公布的数据,其中 1997 年 7 月的数据尚未发布,是我们根据趋势推算得到的。

表 2 中国接入国际互联网的计算机数量一览表

日期	主机数	增长
1994.01	0	
1994.07	325	
1995.01	569	75%
1995.07	1023	80%
1996.01	2146	110%
1996.07	11282	426%
1997.01	19739	75%
1997.07	(35000)	(75%)

除了上表列出的直接与国际互联网高速连接的主机外,还有约 12 万~15 万台个人计算机,利用电话线路拨号使用网络。

网络中登记的域名数量

中国的域名系统规定了所有的二级域名,共有 40 个,其中 6 个为类别域名,34 个为地区域名。类别域名为 AC、COM、EDU、GOV、NET、ORG。类别域名包括了直辖市、省、自治区名。

中国互联网络域名的增长情况如表3所示。

表3 中国互联网络域名增长情况表

日期	域名数	增长
1996.05	383	
1997.01	1003	62%
1997.03	1695	69%
1997.05	2384	41%
1997.07	2760	16%

中国互联网发展中应解决的主要问题

技术与人才

中国互联网的发展,离不开新技术的采用和人才的培养。

由于我国网络发展起步较晚,可以直接采用最先进的技术。干线应广泛使用光缆和卫星通信。用户网络的接入,应大力发展高速无线接入、电缆调制解调器(Cable Modem)和各种类型数字用户线路(xDSL)等技术。

虽然自国际互联网进入中国后,几个较早建成的网络,在技术方面做了先行性的摸索,培养了一批建设、运行和管理网络的技术人员,很多互联网服务提供商(ISP)也在技术推广和培训方面做了大量的工作,但我国幅员辽阔、人口众多,网络与信息服务业的人才远远不能满足需要。不少网络运行水平低,人手不足,网络效率不高,亟待培养更多的网络技术人才。

政府的经费支持

国际互联网发展之所以这么快,最重要的一个经验就是政府的支持。美国阿帕网(ARPANet)的建立及后来的几次大的发展,都是政府支持的结果。美国国家科学基金会从 1986 年到 1995 年的整整十年间,把全国性的骨干网的速率从 56Kbps 升级到 1.5Mbps 再到 45Mbps,每三年左右升一档,这些全部都是由政府出钱。直到网络规模空前庞大、信息资源极其丰富、网络使用十分便宜后,其才于 1995 年 4 月 20 日转向商业化。商业化后,它对学术单位仍然给以很大的优惠和经费支持。

我国一开始就把网络的运行推向市场，但由于信道价格贵、信息资源不丰富、用户量少、政策法规不健全，以及缺乏公平合理的竞争环境等种种因素，使网络的发展步履维艰。

国家应当在经费上加强对学术网络的支持。

政策与法规

中国互联网起步较晚，虽发展速度较快，但基数很小，与其他国家相比，无论是接入网络的主机还是使用网络的人数，发展速度都不算快。例如，日本在1996年有465000台计算机接入，而中国在1996年只接入17593台。究其原因，主要在于基础的通信条件太差。

电信部门经常无法满足对通信线路的要求。例如，要想租用一条城市之间 2Mbps 的 DDN 专线，目前电信部门尚无法提供。即使租用低速的专线，也要等上 8~10

个月。通信线路的价格比国外贵得多，对于低工资体系的中国用户来说，很难承受，其结果是 ISP 亏损，用户喊贵。某些部门利用管理电信线路的特殊地位，企图对网络服务业及信息服务业进行垄断。有垄断就不可能有好的服务、低的价格，以及网络和信息服务业的正常发展。国家应关注这些问题，制定必要的法律、法规，创造一个公平、公正、公开、合理的竞争和发展环境，使我国的网络和信息服务业能够正常地发展。

相关人物

"互联网口述历史"已访谈以上相关人物,其"口述历史"我们将根据确认、授权情况陆续推出,敬请关注!

访谈手记

方兴东

在重商主义绝对主导的中国互联网界，一批重要的互联网推动者默默无闻地奉献着。他们不常处在聚光灯下，只是偶尔闪现在一些特定的场合。比如钱华林，他算是这个低调群体中最著名的人物之一。2014年，互联网接入中国20年，他入围"2014年中国互联网年度人物"活动年度人物奖，并成为第二个入选国际互联网协会的"互联网名人堂"的中国人（第一个是胡启恒，第三个是吴建平）。"互联网名人堂"是一个世界级的彰显个人在互联网领域特别贡献的殿堂。其中一个很关键的节点是，1994年4月20日中国正式全功能接入互联网，担任中国科学院计算机网络信息中心副主任的钱华林是当时负责技术工作的操盘手。

朴素的穿着、谦和的外表、温和的微笑，以及花白的头发，他是一个典型的学者。出生于上海郊区宝山县的钱华林，在口述中给我们讲述了很多有趣、精彩的成长故事。历史充满了偶然，中国互联网的起点选择在 90 年代初期的中科院，而机遇总是会落到有准备的人身上。

作为一个从小品学兼优的好学生，钱华林靠学校助学金的支持，一直到考上中国科学技术大学。从他 1965 年分配到中科院算起，迄今已有 40 多年。他从 1975 年开始关注网络，迄今也有 30 多年了。那时候 TCP/IP 协议才发明不久，美国 ARPA 网节点也就刚刚突破 10 个。钱华林在 1980 年 2 月就来到美国留学，第二年美国国家科学基金会（NSF）才决定创建一个学术研究网络。后来联想成立，钱华林也是早期核心成员之一，但是他终究没有选择商业之路。

钱华林给我详细讲述了 90 年代初期，在中国接入互联网的整个过程中，具体哪些人做了哪方面的工作。这点体现了科学家的严谨和客观。其中就有很多让我们眼睛一亮的精彩细节，比如招标时候仅比清华高 0.7 分的惊险胜出,当年昂贵的网络价格,以及他初出茅庐的学生们也有机会担当了不少历史"重任"。但是,没有我们期望的惊心动魄情节,比如当年想起来要接入互联网,很大的动力就是避免巨资完成的网络出现闲置荒废的尴尬;再比如4月20日完成接入那天,也没有特别值得记忆的细节,更没有特别的庆祝仪式,只是发现技术上连通了,与任何一个兢兢业业的工作日一样,仅此而已。

当年中国接入互联网时,胡启恒是中科院的领导,恐怕除了胡启恒,再也没有人比钱华林更真切、更具体和更权威。我们饶有兴趣地不断追问细节,如同一个矿工突然发现了一座富矿,不断兴奋地向下奋勇挖掘,期待金子源源不断地出现。

平淡中有惊喜,从容中有奥妙。作为中国互联网早期的技术和行政联络官,钱华林以学者认真、执着的态度,开辟了一条通向世界的大道。同时他也是中文域名体系中关键的技术架构师和最早深度参与ICANN最高决策层的中国人。与人们熟知的互联网商界明星们不同,他呈现出了一种不同的工作态度和精神风格。这是中国互联网鲜为人知的一面,也是很关键的一面。因为,正是这些人充当了铺路石,才有了中国互联网的起点和基础。

每一次和钱华林老师在会议中相会,都是如此平平淡淡。每一次去他中科院的办公室,虽然周边越来越热闹,但他那里依然是那么简单,和任何一位学者的办公室没有差异。闹中取静的氛围仿佛是在告诉我们,这里首先是一个学者的地盘,而不是喧嚣的中国互联网背后主导着最关键技术和资源的所在地。

当然很多人都放弃了学者身份,投身互联网商业的大潮。但是,更多的人像钱华林一样,几十年如一日,默默地担当起了中国通向世界的最重要的"路由器"。

图为方兴东采访钱华林当天的访谈笔记(部分)。

其他照片

2002年,钱华林在ICANN主席台上。

2003年,在CNNIC发布会上,钱华林致辞。

2003年,钱华林在台北CDNC会议。

其他照片

2004年,钱华林在ICANN吉隆坡会场。

2007年,NSF来访。

2007年,中美高级网络技术研讨会(CANS2007),钱华林演讲。

2010年,钱华林参加CANS2010。

人名索引

本书采用随文注释的方式。因书中提到人物较多，一些人物出现多次，只有首次出现时，才会注释。为方便读者，特做此索引，并在人物后面注明其首次出现的页码。

C

陈佳洱…………058

H

胡启恒…………041

胡道元…………049

华罗庚…………019

J

冀复生 …………………… 061

L

李　俊 …………………… 052

吕新奎 …………………… 075

M

毛　伟 …………………… 030

马影琳 …………………… 050

马如山 …………………… 068

N

倪光南 …………………… 039

宁玉田 …………………… 073

人名索引

Q

钱天白············013

曲成义············068

全吉男（Kilnam Chon）············058

R

任守奎············050

S

斯蒂芬·沃夫（Stephen Wolff）············059

斯蒂芬·戈德斯坦（Steven Goldstein）············057

W

王行刚············050

吴为民············012

吴佑寿············066

维纳·措恩（Werner Zorn）············066

X

徐建春…………………017

谢希德…………………065

Z

曾茂朝…………………041

朱高峰…………………060

张兴华…………………050

张曦琼…………………061

赵小凡…………………068

张厚英…………………073

张建中…………………074

竺迺刚…………………040

参考资料（部分）

[1] 刘韵洁. 我国公用数据网的现况及发展[J]. 中国计算机用户，1994（12）.

[2] 钱华林. 中国的互联网络[J]. 中国科技信息，1997（21）.

[3] 钱华林. 互联网先行者的跋涉路[N]. 生活时报，2002-07-02. http://tech.sina.com.cn/i/c/2002-07-02/123685.shtml.

[4] 高守. 中国专家首次进入 ICANN 核心 钱华林当选理事[EB/OL].（2003-07-03）.http://news.chinabyte.com/341/1711841.shtml.

[5] 王志强. 互联网十年之钱华林：互联网步入平稳期[N]. 经济观察报，2003-11-08.

[6] 孙鱼. 科学家钱华林：互联网架构存在致命缺陷[EB/OL].（2006-08-10）.12http://tech.qq.com/a/20060810/000298.htm.

[7] 新浪科技. 钱华林忆早期中国互联网：收一封 Email 要几百元[EB/OL].（2009-04-23）. http://tech.sina.com.cn/i/2009-04-23/02083029179.shtml.120

[8] 乐天. 专家称正制定电子邮件标准将助中文域名发展[EB/OL].（2009-06-04）. http://tech.qq.com/a/20090604/000395.htm.

[9] 乐天. 钱华林：中国域名在电子邮件中使用仍存难点[EB/OL].（2009-04-22）. http://tech.qq.com/a/20090422/000401.htm.

[10] 新浪科技. 中科院计算机网络信息中心研究员钱华林[EB/OL].(2009-06-04). http://tech.sina.com.cn/i/2009-06-04/ 11503149691.shtml.

[11] 都市快报. 发件人地址：钱华林@中科院·中国[EB/OL]. （2012-06-20）. http://news.ifeng.com/gundong/ detail_2012_06/20/15424886_0.shtml.

[12] 计算机网络信息中心. 中科院钱华林研究员入选2014国际互联网名人堂[EB/OL]. （2014-04-09）. http://www.cas.cn/xw/zyxw/yw/201404/t20140409_4087908.shtml.

[13] 国家互联网信息办公室, 北京市互联网信息办公室编著. 中国互联网 20 年：网络大事记篇[M]. 北京：电子工业出版社, 2014.

[14] 闵大洪. 中国网络媒体20年（1994—2014）[M]. 北京：电子工业出版社, 2016.

编后记 1

站在一百年后看

赵 婕

热闹场中做一件冷静事

昨天、去年的一张旧照片、一件旧物，意义不大。但，几十年、上百年甚至更久之前，物是人非时的寻常物，则非同寻常。

编后记 1

试想，今日诸君，能在图书馆一角，翻阅瓦特发明蒸汽机的手记，或者蔡伦在发明纸的过程中，与朋友探讨细节之往来书帖。这种被时间加冕的力量，会暗中震撼一个人的心神，唤起一个人缅怀的趣味。

互联网在中国，刚过20年。对跋涉于谋生、执著于财富、仰求于荣耀、迷醉于享乐、求援于问题的人来说，这个工具，还十分新颖。仿佛济济一堂，尚未道别，自然说不上怀念。

人类的热情与恐惧，更多也是朝向未来。

一件事情的意义，在不被人感知时，最初只有一意孤行的力量。除了去做，还是去做，日复一日。一个人，不管他是否真有远见，是否真懂未雨绸缪，一旦把抉择的航程置于自己面前，他只能认清一个事实：航班可延误，乘客须准点。

一切尚在热闹中，需要有人来做一件冷静事。

方兴东意识到，这是一件已经被延误的事情，有些为互联网开辟草莱的前辈，已经过世了。在树下乘凉、井边喝水的人群中，已找不到他们的身影。快速迭代的互联网，正在以遗迹覆盖遗迹。他遗憾，"互联网口述历史"（OHI）还是开始得晚了一点，速度慢了一点。他深感需要快马加鞭，需要得到各方的理解与支持。

提早做一件已延误的事

母亲弯腰为刚学步的孩子系上散开的鞋带，在有的人眼里，是一幅催人泪下的图景。一种面向死亡和终极的感伤，正如在诗人波德莱尔眼里，芸芸众生，都只是未来的白骨。

本杰明·富兰克林说："若要在死后尸骨腐烂时不被人忘记，要么写出值得人读的东西，要么做些值得人写的事情。"

编后记 1

中国步入互联网时代以来,已有许多人做出了值得一写的事情。

然而,"称雄一世的帝王和上将都将老去,即使富可敌国也会成灰,一代遗风也会如烟,造化万物终将复归黄泥,遗迹与藩篱都已渐渐褪去。叱咤风云的王者也会被遗忘……"

因此,需要有人再做一件事:把发生在互联网时代里,值得一写的事情,记录下来。

必然的历史,把偶然分派给每一位创造历史的人。当初,这些人并不曾指望"比那些为战争出生入死的人更为不朽",今日,还顾不上指望名垂青史。

来记录这段历史的人,还顾不上歌功颂德,而是要尽早做一件已延误的事。

那些发生的事情的来龙去脉,堆积在这个时代的身躯上。视历史为宗教的中国人,都懂得民族长存的秘密,与汉字书写、与"鉴过往知来者""宜子孙"的历史癖有关。

过去仍在飞行

2007年年初,《"影响中国互联网100风云人物"口述历史》等报道出现在媒体上。接受采访的方兴东说:"口述历史大型专题活动,将系统访谈互联网界最有影响力的精英,全面总结互联网创新发展经验。"

当时,互联网实验室和博客中国共同策划的口述历史大型专题活动在北京启动。这是"2007互联网创新领袖国际论坛"的重要组成部分。该论坛由信息产业部指导,互联网实验室等单位共同举办。科技中国评选"影响中国互联网100风云人物"。

口述历史的对象,主要来自评选出的100位风云人物,包括互联网创业者、影响互联网发展的风险投资和投资机构、互联网产业的基础设施建设者、对互联网产业影响巨大的外企经理人、互联网产业的思想家和媒体人乃至互联网产业的关键决策者,以及互联网先行者和技术创新的领头人。

方兴东认为,这些人物是互联网产业的英雄,他们富有激情和梦想,作为中国互联网的先锋人物,曾经或现在战斗在中国互联网的最前沿,对促进中国互联网发展做出了不同的贡献。口述历史,将梳理他们的发展历程,以个人视角来展示历史上精彩的一页,为产业下一个10年的创新发展提供有益的参考。

在"一万年太久,只争朝夕"的状态中,人们似乎更乐于历史的创造,而非及时的回顾,尽管互联网"轻舟已过万重山",矜持的历史创造者们,恐怕还是认为"十几年太短"。

但这不能作为方兴东的主业,他自己也在创业,每个月要给员工发工资。所以,接下来几年,他见缝插针,断断续续访谈了几十人。在这个过程中,思路也越来越清晰。

2014年春,中国互联网20周年之际,方兴东正式组建了编辑出版"互联网实验室文库"的团队,"互联网口述历史"为这个团队的首要工作。

"在采摘时节采摘玫瑰花苞。过去仍在飞行。"

在方兴东眼里,中国互联网20年来太激动人心了。互联网的第三个10年又开启了。很多人顺应、投入了这段历史,无论其个人最终成败得失如何,都已成为创造这段历史的合力之一。可能接下来互联网还会越做越大,但是最浪漫的东西还是在过去20年里。他觉得应该把这些最精彩的东西挖掘出来。趁着还来得及,有些东西需要有人来总结。有些人的贡献,值得公正地留下记录。

正是这样一个时代契机,各年龄、各阶层、各行业的草根或精英,有人穷则思变,有人"现世安稳岁月静好",但都从各个位置,甚至是旁观位置,加入了时代合唱，成就了一种不谋而合的伟大，造就了乱花迷眼的互联网江湖。

方兴东自认为，投入"互联网口述历史"这件工作量巨大的事情，也有一些不算牵强的前提。他出生于世界互联网诞生的 1969 年，在中国出现互联网的 1994 年，他恰好到北京工作。他的故乡浙江是中国另一个巨大的互联网根据地。二十年间，他奔波京杭与各地，全程深度参与中国互联网事业，与各路英雄好汉切磋交往，也算近水楼台，大家能坦诚交谈，让这件事发生得十分自然。

还原互联网历史的丰富性

众所周知，互联网是一个不断制造神话又毁灭神话的产业，这个产业的悲壮和奇迹，出于无数人的前仆后继。

就如方兴东所说："即使举步维艰，互联网天空，依然星光闪耀。至于星星还是不是那颗星星,并没有太多的人关注。新经济、泡沫、烧钱、圈钱、免费、亏损,等等,几个极其简单的词汇,就将成千上万年轻人的激情和心血盖棺论定了。剔除了丰富的内涵,把一场前所未有的新技术革命苍白地钉在了'十字架'上。既没有充分、客观地反映这场浪潮的积极和消极之处,也无法体现我们所经历的痛楚和狂喜。"

从"互联网口述历史"最初访谈开始,方兴东希望尽力还原这种"丰富性"。

在中国互联网历程中过往的这些人物,不会没有缺点,也不可能没遇到过挫折。起起伏伏中,他们以创新、以创业、以思想、以行动,实质性地推动了中国互联网的发展进程。"互联网口述历史"希望在当事人的记忆还足够清晰时,希望那些年事已高的开拓者还健在时,呈现他们在历史过程中的个性、素养和行为特质,把推进历史的直路和弯路地图都描绘出来,以资来者。在讲述过程中，个人的戏剧性故事，让未来的受众也能在趣味中了解口述者的人生轨迹和心路历程。

因此，"互联网口述历史"最初明确定位为个人视角的互联网历史，重视口述者翔实的个人历程。在互联网第一线，个人的几个阶段、几种收获、几个遗憾、几条弯路，等等；如果重来，他们又希望如何抉择，如何重新走过？概括起来，至少要涉及四个方面：个人主要贡献（体现独特性）、个人互联网历程（体现重要的人与事）、个人成长经历（体现家庭背景、成长和个性等）、关键事件（体现在细节上）。

但互联网又是个体会聚的群体事业。在中国互联网风风雨雨的历程中，在个人之外，还有哪些重要的人和重要的事，哪些产业界重大的经验和教训，哪些难忘的趣闻逸事，如何评说互联网的功过得失及社会影响，等等，也是"互联网口述历史"必不可少的内容。

多元评价标准

"互联网口述历史"希望有一个多元评价标准。方兴东认为,目前在媒体层面比较成功的人士,他们的作用肯定是毫无疑问的。这么多用户在用他们的产品,他们的产品在改变着用户。我们一点都不贬低他们,同时也看到,他们享受了整个互联网所带来的最大的好处。中国互联网的红利被他们少数人收割。他们是收割者,但播种者远远大于这个群体。所以,"互联网口述历史"一定是个群像,有政府官员、投资者、学者、技术人员和民间人士等,当然,企业家是主角中的主角。

很多人很想当然地觉得,中国互联网在早期很自然就发生了。实际上,今天的成就,不在当初任何人的想象中,当初谁也没有这个想象力。"互联网口述历史"尤其不能忽略早期那些对互联网起了推动作用的人。当时,不像今天,大家都知道互联网是个好东西。当初,互联网是一个很有争议的东西。他们做的很多工作很不简单，是起步性的、根基性的，影响了未来的很多事情。当年，似乎很偶然，不经意的事情影响了未来，但其发生，有其内在的必然性。这些开辟者，对互联网价值和内在规律的认识，不见得比现在的人差。现在互联网这么热闹，这么多钱，很多人是认识到了，但对互联网最本源的东西，现在的人不见得比那时的互联网开创者认识得深。

时势造英雄

生逢其时，每一个互联网进程的参与者，都很幸运，不管最后是成功还是失败，有名还是无名。因为这是有史以来最大的一次革命浪潮。这个革命浪潮，方兴东认为，也要放在一个时代背景下，包括改革开放、九二南巡，包括经济发展到一定阶段，电信行业有了一定基础，这些都是前提。没有这些背景，不可能有马云、马化腾，也不可能有今天。

方兴东认为，不能脱离时代背景来谈互联网在中国的成功，其一定是有根、有因、有源头，而不是无中生有、莫名其妙，就有了中国互联网的蓬勃发展。

20世纪80年代的思想开放，与互联网精神、互联网价值观，有很多吻合之处。中国互联网从一开始，没有走错路、走歪路，没有出现大的战略失误。从政府高层，到具体政策的执行人，到创业者，包括媒体舆论。

中国特色互联网

中国与美国相比，是一个后发国家。互联网的很多基础技术、标准、创新都不是我们的，是美国人早已经准备好的，我们就是用好，发扬光大，做好本地化。方兴东认为，对于更多的国家来说，中国的经验实际上更有参考价值。因为相对于这些国家来说，中国又变成了一个先发国家。毕竟，现在全世界，不上网的人比上网的人要多。更多国家要享受互联网的益处，中国具有参考意义。因此，"互联网口述历史"具有国际意义。我们做这些东西，不是为了歌功颂德，而是为了把这些人留在历史里，才把他们记录下来。

编后记 1

不能缺席的价值观

互联网在中国的成功,毫无疑问,超出了所有人的想象。但是,方兴东认为,中国互联网最大的问题是缺价值观、缺灵魂、缺思想。虽然很多人不知不觉地遵循着互联网的某些规律,但是,并没有形成共识性的价值观。所以,商业化、功利化、浅薄化充斥着中国互联网,而且可能会误导整个产业。"互联网口述历史"希望在梳理历史的过程中,能把这些问题是非分明地梳理出来。

从理想的角度来看,互联网应该成为推动整个中国崛起的最好的引擎,它带来的不应该只是少数人的发财。这些大佬,包括汇聚了巨大财富和社会影响力的人,如果他们能够有理想,互联网在中国的变革作用会大得多。他们是巨大财富和巨大影响力的托管人,他们应该考虑怎样把自己的财富和影响力用好,而不是简单作为个人的资产,或者纯个人努力的结果。在个人性和公共性方面，如果他们有更高的境界、更清醒的意识，会比现在好得多。现在，总体上来说，是远远不够的。

方兴东认为，中国互联网 20 年来，真正最有价值、最闪光的东西，不一定在这些大佬们身上，反倒可能在那些不那么知名的人身上，甚至在没有从互联网挣到钱的人身上。推动中国互联网历史进程的关键点，也不一定在这些大佬身上。因此，"互联网口述历史"采访名单的甄选，是站在这样的价值观立场上的，可能与一般媒体的价值观不同。

站在一百年后看

著名的口述历史作家、历史学者唐德刚认为，中国现代化转型历史，几乎是每十年一变。有人说，互联网 1 年相当于以往的 7 年。按照这样的算法，互联网 20 年，也将近一个半世纪了。

中国互联网历史，从产业、创业、资本、技术及应用等方面看，是一部中国技术与商业创新史；从法律法规、政府管理举措、安全等方面看，是一部中国社会管理创新史；从社会、文化、网民等方面看，是一部中国文化创新史。

目前，我们在国内采访的人物已经100余位，主要是三大层面的人物，是能够全景、全面反映中国互联网创业创新史的人物。以前面100个人为例，商业创新约50人，细分在技术、创业、商业、应用和投资等层面；制度创新约25人，细分在管理、制度和政策等层面；文化创新约25人，细分在学者、思想、社会和文化等层面。他们是将中国社会引入信息时代的关键性人物，能展示中国互联网历史的关键节点。采访要着眼于把中国带入信息社会的过程中，被访者做了什么。通过对中国互联网20年的全程发展有特殊贡献的这些人物的深度访谈，多层次、全景式反映中国互联网发生、发展和全球崛起的真实全貌，打造全球研究中国互联网独一无二的第一手资料宝藏。

王羲之曾记下永和九年一次文人的曲水流觞,"列叙时人,录其所述",让世世代代的后人从《兰亭集序》领略那一次著名的"春游","虽世殊事异,所以兴怀,其致一也。后之览者,亦将有感于斯文"。

方兴东希望通过"互联网口述历史"项目的文字、音频、视频等各种载体,让一百年后的人看到中国是怎么进入信息社会的,是哪些人把一种新文明带入中国,把中国从一个半农业、半工业社会带入了信息社会。

2014年,全球"互联网口述历史"项目的工作全面展开。在2019年互联网诞生50周年之际,我们将初步完成影响互联网的全球500位最关键人物的口述工作。这一宏大的、几乎是不可能完成的任务,正在成为现实!

编后记 2

有层次、有逻辑、有灵魂

刘 伟

"互联网口述历史"的维度与标准

"互联网口述历史"(OHI)是方兴东博士在 2007 年发起的项目,原是名为"影响中国互联网 100 人"的专题活动,由互联网实验室、博客网(博客中国)等落实执行。在经过几年的摸索与尝试后,2010 年,方兴东博士个人开始撸起衣袖集中参与和猛力突击。因此,"互联网口述历史"在2007年至2009年是试水和储备,真正开始在数量上"飞跃"起来,是从2010年下半年开始的。

这些年,方兴东博士一边"创业",一边在创业之外默默采集、积累"互联网口述历史"。一直来,只有前前后后的几个助理扛着摄像机跟着他。助理有走有来,而这事,他一坚持就是近十年。

2014年,我从《看历史》杂志离职,参与了"互联网实验室文库"的筹备,主持图书出版工作,致力于打造出"21世纪的走向未来丛书"。"互联网实验室文库"的出版包括四大方向:产业专著、商业巨头传记、"口述历史"项目、思想智库。

在之后的时间里,"互联网实验室文库"出版了产业专著、商业巨头传记、思想智库方向的十余本书,而"口述历史"却未见一本成果。当然,这是因为"口述历史"所需的精力消耗最大，时间周期最为漫长，整理打磨最为精细，查阅文献资料最多，过程最为折磨，集成最为被动……

以往，一本书在作者完成并有了书稿后，进入编辑流程到最后出版，是一个从 0 到 1 的过程。而为了让别人明白做"口述历史"的精细和繁冗，我常说它是从 -10 到 1 的过程。因为"口述历史"是一个掘地百尺的工作，而作为成果能呈现出来的，只不过是冰山一角。在"口述历史"的整理之外，我们还积累形成了 10 余万字的互联网相关人物、事件、产品、名词的注释（词条解释），50 余万字的中国互联网简史（大事记资料），以及建立了我们的档案保存、保密机制等，这些都是不为人知的，且仅是我们工作的一小部分。

"过去"已经成为历史，是一个已经灰飞烟灭的存在，人们留下的只是记忆。"口述历史"就是要挖掘和记录下人们的记忆，因为有各种因素影响和制约它，所以，我们需要再经稽核整理。因此，"口述历史"中的"口述者"都是那些历史事件的亲历、亲见、亲闻者。

北京大学的温儒敏教授曾经这样评价"口述历史"这一形式："这种史学撰写有着更为浓厚的原生态特色，摆脱了以往史学研究的呆板僵化，因而更加生动鲜活，同时更多的人开始认识到这种口述历史研究的学术价值，而不是仅仅被视为一种采访。相对于纯粹的回忆录和自传，这种口述历史多了一种真实到可以触摸的毛茸茸的感觉。"

"口述历史"让历史变得鲜活，充满质感，甚至更性感。

我在采访方兴东博士，要其做"访谈者评述"时，他曾在评述之前说了这么一段话："互联网不仅仅是那些少数成功的企业家创造的，它实际上是社会各界共同创造的一个人类最大的奇迹——中国互联网能够有7亿网民，这绝对是全球的一个奇迹。中国有一大批人，他们是互联网的无名英雄,基本上在现在的主流媒体上看不到他们。但我觉得这些人在互联网最初阶段,在中国制定轨道的过程中,铺了一条方向上正确的道路,而且很多东西当年可能是一件很小的事情,但实际上最终起了关键性的作用。我们试图在'互联网口述历史'里,把这个群体挖掘出来、呈现出来。"

我想,这是方兴东博士的初心,也是"互联网口述历史"项目产生的源头。

出版人和作家张立宪(老六)曾讲过一则与早期的郭德纲有关的故事:"那时候郭德纲还默默无闻,他在天桥剧场的演出只限于很小的一个圈子里的人知道……当时就和东东枪商量,我们要做郭德纲,这个默默无闻的郭德纲。但是世界的变化永远比我们想象中的快,从东东枪采访郭德纲,到最后图书出版大概是半年的时间,在这几个月的时间里,郭德纲老师已经谁都拦不住了。那时候就连一个宠物杂志都要让郭德纲抱条狗或者抱只猫上封面，真的是到那个程度。但是我们依然很庆幸，就是我们在郭德纲老师被媒体大量地消费、消解之前，我们采访了他，'保存'了他。一个纯天然绿色的郭德纲被我们保留下来了。其实这也是某种意义上的抢救，这种抢救不仅仅指我们把一个很了不起的人，在他消失之前、在他去世之前给他保存下来；也包括像郭德纲老师这样的人，他虽然现在依然健在，但是'绿色'郭德纲已经不见了，现在是一个'红色'的郭德纲。"

从某种程度上讲，"互联网口述历史"也是在尽可能抢救和保留"绿色"的互联网人。所不同的是，我们不是预测，而是挖掘、记录、还原、保存。因为我们是基于"历史"，是事发之后的、热后冷却的、不为人知的记载。至于"绿色"的意义，我想就像常规访谈与口述历史的差别，因为所用的方法、工艺、时间、重心完全不同，当然也就导致了目的与结果的不同。

编后记 2

"口述历史"是访谈者和口述者共同参与的互动过程，也是共同创造的过程。因此，"口述历史"作品一般蕴含着口述者和访谈者（整理者、研究者）共同的生命体验。

"口述历史"一般有专业史、社会史、心灵史几个维度。在"互联网口述历史"中，因选题缘故，我们还辐射了更多不同的维度与向度，如技术史（商业史）、制度史（管理史）、文化史（社会变革史）以及经济学家汪丁丁教授强调的思想史。

在"互联网口述历史"近十年的采集过程中，其技术设备一样经历了"技术史"的变迁。例如，在2007—2013年，用的还是录像带摄像机，而在2014—2016年，用的是存储卡摄像机。

"互联网口述历史"从采集到整理的过程中，我们始终秉承着这样几个标准：有灵魂、有逻辑、有层次、有侧重，注重史实与真相。

"互联网口述历史"的取舍与主张

在采集回的"口述史料"的使用上,我们采用了"提问+口述+注释"的整理方式,而非"撰文+口述"的编撰方式。这样的选择,就是为了能够更加不偏不倚、原汁原味地还原现场,并且不破坏其本身的血脉与构造,以及我们在其上的建构。我们希望做到,类似一张"拓写纸"在字帖上的存在。

在整理过程中,我们也是严格按照"口述历史"的方式整理、校对、核对、编辑、注释、授权、补充、确认、保存的(为什么授权顺序靠后,我在后面解释),但在图书出版的最后,也就是目前呈现在读者眼前的文本——严格意义上说已经不是特别纯的"口述历史"了。因为读者会看到,我们可能加入了5%左右别处的访谈内容。这么做有的是因为文本需要,有的是因为空缺而做的"补丁",有的是口述者提供希望我们有所用的。对这些内容的注入,我们做了原始出处的标示,并同样征得了"口述者"的确认。

在整理的过程中,应访谈者的要求,我们弱化了其角色特征,适当简化了访谈者在访谈中的追问等"挖掘"过程,尽可能多地呈现口述者的口述内容,即被挖出的"矿";也简化了部分现场访谈者对口述者的纠正。这样的纠正有时是一来二去,共同回想,提坐标、找参照,最终得以确定。这样的"简化"也是为了方便和照顾读者,我们尽量压缩了通往历史现场过程中的黑暗与漫长。

在时间轴上,我们也尽量按照时间发展顺序做了调整,但因"记忆"有其特殊性,人的记忆有时是"打包"甚至"覆盖"的(只有遇到某些事件时,另一些事才能如化学效应般浮现出来,而如果遇不到这些事件,它可能就永远沉没下去了),因此,会有部分"口述者"的叙事在"时间点"上有连接和交叉,所以,显得稍有些跳跃和闪回。在这种情况下,我们没有为了梳理"时间点"而去做强行分拆和切割。

在口语上,我们仍尽可能保留了各"口述者"的特色和语言风格,未做模式化的简洁处理,所以,即使经过了"深加工"的语言,也仍像是"原生态"的口语,只是变得更加清晰。

时常有人关心地问:"你们的'互联网口述历史'怎么样了?怎么弄了好久?"其实这是难以表达的事,我们很难让人了解其中的细节和背后的功夫。"口述历史"中的那些英文、方言、口音、人名、专业词汇,有时一个字词需要听十几遍才能"还原";有时一个时间需要查大量资料才能确认;与"口述者"沟通,以及确认的时间,有时又以"年"为沟通的时间单位,需要不断询问与沟通,因为这期间也许遇有口述者的犹豫或繁忙;为了找到一条"语录",我们可能要看完"口述者"的所有文章、采访、演讲……就是这一点又一点的困难、艰辛、阻碍，造成了"口述历史"的整理及后续的工作时间是访谈时间的数十倍。

台湾"中央研究院近代史研究所"的前所长陈三井曾说："口述历史最麻烦的是事后整理访问稿的工作。这并不是受访人一边讲，访问人一边听写记录就行了。通常讲话是凌乱而没有系统性的，往往是前后不连贯，甚至互有出入的。访问人必须花费很大的力气加以重组、归纳和编排，以去芜存菁。遇有人名、地名、年代或事物方面的疑问，还必须翻阅各种工具书去查证补充。最后再做文字的整理和修饰工作，可见过程繁复，耗时费力，并不轻松。"

我曾和团队同事分享过这样一个比喻：整理口述历史，就像"打扫"一个书柜，有的人觉得把木框擦干净就可以了；有的人会把每一本书都拿下来然后再擦一遍书架；还有的人在放进去之前会把每本书再擦一遍。而我们呢？除了以上动作，还需要再拿一根针把书架柜子木板间的缝隙再"刮"一遍,因为缝隙里会有抹布擦拭的碎纤维、积累的灰尘、纸屑,甚至可能有蛀木的虫卵……(我当时分享这个比喻的初衷,就是提示我的同事,我们要细致到什么程度。现在看来,这个比喻也同样表现了我们是怎么样做的。)

在"互联网口述历史"的出版形式上,我们也曾纠结于是多人一本,还是一人一本。在最早的出版计划中,我们是计划多人一本(按年份、按事件、按人物),专题式地出版一批有"体量"的书。当多人一本的多本"口述历史"摆在一起时,才能凸显"群像"之意,也因为多人一本的多文本原因,读者阅读起来会更具快感,对事件的理解视角也更宽广,相互映照补充起来的历史细节及故事也更加精彩(也就是佐证与互证的过程)。

然而,实际情况是我们没有办法按照这种"完美"的形式去出版。因为"口述历史"是一个逐渐累积的过程，无论是前期的访谈，中期的整理，还是后期的修订、确认，它们都在不同时间点有着不同程度上的难点，整个推进过程是有序不交叉且不可预知的。最早采访和整理的也许最后才被口述者确认；最应先采访的也许最后才采访到；因为在不停地采访和整理，永远都可能发现下一个、新的相关人……这样疲于访谈，也疲于整理。囿于各种原因，我们没办法按照我们期望的方式出版。因此，最终我们选择了呈现在读者眼前的一人一本的出版方式，出版顺序也几乎是按照"确认"时间先后而定的。我们同样放弃了优先出版大众名人、有市场号召力的人物、知名度高的口述者，以带动后面"口述历史"的想法。

尽管我们遗憾未能以一个更宏伟具象的"全景图"的形式出版，但一本一本地出版，仍能在最后呈现出效果。未来也仍能结集为各种专题式的、多人一本的出版物，将零散的历史碎片拼接成为宏大的历史画卷。因此，希望读者能理解，目前的选择是在各种原因、条件和实际困难"角力"后的结果。为体恤读者,呈现群像之张力,我在这里列举几位口述者的"口述历史"标题,先睹为快:《胡启恒:信息时代的人就该有信息时代的精神》《田溯宁:早期的互联网创业者都是理想主义》《张朝阳:现在的创业者一定要设身处地想想当时》《张树新:我本能地对下一代的新东西感兴趣》《吴伯凡:中国互联网历史,一定是综合的文化史》《陈年:以前互联网都很苦,大家集体骗自己》《刘九如:培训记者,我提醒他们要记住自己的权利》《胡泳:人们常常为了方便有趣而牺牲隐私》《段永朝:碎片化是构成人的多重生命的机缘》《陈彤:我做网络媒体之前也懵懂过》《王峻涛:创业时想想,要做的事是水还是空气》《陈一舟:苦闷是必需的,你不苦闷凭什么崛起》《黎和生:其实做媒体主要是做心灵产品》《冯珏:现在的互联网没当年的理想和热情了》《王维嘉:人类本性渴望的就是千里眼、顺风耳》《洪波:中国互联网产业能发展到今天得益于自由》《方兴东:互联网最有价值的东西,就是互联网精神》《陈宏:当时想做一个中国人的投行,帮助中国企业》《许榕生:我所做的其实只是把国外的技术带回中国》……举例还可以列很长很长,因为目前我们已整理完成了60余人的口述历史,以上举例的部分"口述历史"标题,有些可能稍有偏颇,甚至因为脱离了原有的语境而变成了另外的意思;有些可能会对"口述者"及业界稍有冒犯;有些可能会与实际出版所用标题有所出入。在此,希望得到您的理解和谅解。

在事实与真相上,我们也希望读者明白:没有"绝对真相"和"绝对真实"。我们只是试图使读者接近真相,离历史近一些。"口述历史"不能代替对历史的解释,它只是一项对历史的补充。同时希望读者能够继续关注和阅读,我们将继续出版更多的"互联网口述历史",形成更广大的历史的学习和理解视角,以避免自己仅仅停留在对文字皮相的见解上。我们也要明白,还要有更多的阅读,才能还原群体之记忆。不同口述者在叙述共同事件时,一些细节会有不同的立场和不同的描述,甚至有不小的差别,这些还需要我们继续考证。

中国现代文学馆研究员傅光明曾说:"历史是一个瓷瓶,在它发生的瞬间就已经被打碎了,碎片撒了一地。我们今天只是在捡拾过去遗留下来的一些碎片而已,并尽可能地将这些碎片还原拼接。但有可能再还原成那一个精致的瓷瓶吗?绝对不可能!我们所做的,就是努力把它拼接起来,尽可能地逼近那个历史真相,还原出它的历史意义和历史价值,这是历史所带给我们的应有的启迪或启发。"

尽管"互联网口述历史"项目目前是以书籍的形式出现的,展现的是文本,但我们希望在阅读体验上,能够呈现出舞台剧的效果,令读者始终有"在场感"。在一系列访谈者介绍、评述过后,可以直接看到"口述者"和"访谈者"坐在你面前对话;"编注"就是旁白;"语录"是花絮,方便你从思想的层面去触摸和感受"口述者";"链接"是彩蛋,时有时无,它是"口述者"的一个侧面,或与其相关的一些细枝末节;"附录"是另一种讲述,它是一段历史的记录,来自另一个时空中。当"口述历史"本身完结后,"口述者"或说或写的会成为一段历史、一批珍贵的历史资料。你会发现,在历史深处的这些资料,也许曾是预言,也许在过去就非常具有前瞻性,也许它是一种知识的普及,也许它是对"口述历史"一些细节的另外的映照或补充,也许它曾是一个细分领域的入口或红利的机会……

有些口述者讲述了自己儿时或少年的故事,用方兴东博士的话说:那是他们的"源代码"。

美国口述历史学家迈克尔·弗里斯科(Michael Frisch)说:"口述历史是发掘、探索和评价历史回忆过程性质的强有力工具——人们怎样理解过去,他们怎样将个人经历和社会背景相连,过去怎样成为现实的一部分,人们怎样用过去解释他们现在的生活和周围的世界。"

"互联网口述历史"的形式与意义

做"口述历史"时常有遗憾(它似乎是一门遗憾的学问和艺术)。遗憾有人拒绝了我们的访谈请求(有些是因为身份不便;有些是因为觉得自己平凡,所做过的事不值得书写);遗憾有些贡献者已经离开了我们,无法访谈;遗憾一些我们整理完毕已发出却无法再得到确认的文本;遗憾一些确认的文本被删得太多;遗憾一些我们没问及的内容,再也补不回来;遗憾一些口述者避而不谈的内容;遗憾不能让历史更细致地呈现;遗憾一些详情不能曝光;遗憾有些口述者已经不愿再面对自己曾经的口述,因而拒绝了确认和开放;遗憾我们曾通过各种资料、各种方法抵达口述者的内心,但能呈现给读者的仍不过是他们的一面,他们爱的小动物、他们做的公益等,囿于原材料和呈现方式,这些都无法在一篇口述历史中体现；有些东西小而闪光，但我们没法补进来，遗憾有些补进来了又被删掉了；遗憾文本丢掉的"镜头语言"，如"口述者"的表情、动作、笑容、叹息、沉默；遗憾"文本"丢失了"口述者"声音的魅力；遗憾我们没有更先进的表达和呈现方式（我们拥有"互联网口述历史"的宝贵资料和"视听图影"资源，却不能为读者呈现近乎4D、5D的感官体验，也未能将文本做成"超文本"）；遗憾我们时间有限、人力有限、精力有限……无论如何，今天呈现在读者面前的都不是最好的成果，它还有待您与我们共同继续考证、修正、挖掘和补充。

尽管到目前为止我们已经做了许多工作，但也依然只是一小部分，我们仍只处于采集、整理阶段，在运用、研究等方面，我们还少有涉及。未来，"互联网口述历史"会被运用到各类社会、行业研究和课题中，被引入种种类型、种种框架、种种定义、种种理论、种种现象、种种行为、种种心理结构、种种专业学科中,成为万象的研究结果,以及种种假设中的"现实"依据,解答人们不一的困境和需求。它还可以生成各类或有料有趣,或深度重磅的数据图、信息图,实现信息可视化、数据可视化。

因为"互联网口述历史"还能生长出无数的东西,所以,这又几乎是一项永远未竟的事业。

呈现在读者面前的"口述历史",是有所删减的版本,为更适于出版。尽管"互联网口述历史"先以图书的形式呈现,但图书只是"互联网口述历史"的一个产品,而且只是一个转化的产品,它并非"互联网口述历史"的最终产品和唯一产品。2017年年底,根据刘强东口述出版的作品《我的创业史》,获得了《作家文摘》评选的年度十佳非虚构图书。本套"互联网口述系列丛书",也获得了国家出版基金的支持。在一批中国"互联网口述历史"之后,我们将推出国外"互联网口述历史"。除图书外,未来我们也会开发和转化纪录片、视频等产品内容和成果，甚至成立博物馆及研究中心。总之，我们期待还能发展为更多有意义的形式和形态，也希望您能继续关注。

余世存老师在回忆整理和编写《非常道》的过程中，说自己当时"常常为一段故事激动地站起来在屋子里转圈，又或者为一句话停顿下来流眼泪"。

在整理"互联网口述历史"的过程中，我们同样深感如此。因为能触及种种场景、种种感受、种种人生，我们常常因"口述者"的豪情、痛苦、人性光辉、思想闪光而震撼、紧张、欣慰，甚至被一句话惊出冷汗；有些"口述者"的思想分享连续不断，让人应接不暇、让人亢奋、让人拍案、让人脑洞大开，甚至让人"开天眼"；一些让我们心痛、落泪的故事，却在"口述者"的谈笑间被讲述了。同时，我们也"见证"了很多阻力与才智、生存与反抗、偶然与机遇、智虑与制度、弱德与英勇……每位口述者，都像一面镜子，反射着千千万万的创业者、创新者、先驱者、革命者、领跑者，还有隐秘的英雄、坚忍的失势者、挺过来的伤者、微笑转身者、孤独翻山者……

有幸的是，我们能触碰这些"宝藏"，也有幸，今天的我们能把它们都保留下来、呈现出来，领受前辈们分享的无价礼物。

数字化大师、麻省理工学院教授尼葛洛庞帝（Nicholas Negroponte）曾这样评价方兴东博士及"互联网口述历史"："你做的口述历史这项工作非常有意义。因为互联网历史的创造者，现在往往并不知道自己所做的事情有多么伟大，而我们的社会，现在也不知道这些人做的事情有多么伟大。"

也有非常多的人如此建议和评价方兴东博士的"互联网口述历史"："也别太用心费神，那种东西有价值、有意义，但是没人看……"

电子工业出版社的刘声峰曾说："这个工作，功德无量。"

在不同人的眼中,"互联网口述历史"有着不同的分量和意义。也许这项工程在别人眼中是"无底洞",是"得不偿失",是"用手走路",是"费力不讨好",是"杀鸡用牛刀",但我们自有坚持下来的动力和源泉。

美国作家罗伯特·麦卡蒙(Robert R. McCammon)在他的小说《奇风岁月》中有这样一段触动人心的文字:"我记得很久以前曾经听人说过一句话——如果有个老人过世了,那就好像一座图书馆被烧毁了。我忽然想到,那天在《亚当谷日报》上看到戴维·雷的讣告,上面写了很多他的资料,比如,他是打猎的时候意外丧生的,他的父母是谁,他有一个叫安迪的弟弟,他们全家都是长老教会的信徒。另外,讣告上还注明了葬礼的时间是早上 10 点 30 分。看到这样的讣告,我惊讶得说不出话来,因为他们竟然漏掉了那么多更重要的事。比如,每次戴维·雷一笑起来,眼角就会出现皱纹；每次他准备要跟本斗嘴的时候，嘴巴就会开始歪向一边；每当他发现一条从前没有勘探过的森林小径时，眼睛就会发亮；每当他准备要投快速球的时候，就会不自觉咬住下唇。这一切，讣告里只字未提。讣告里只写出戴维·雷的生平，可是却没有告诉我们他是个什么样的孩子。我在满园的墓碑中穿梭，脑海中思绪起伏。这个墓园里埋藏了多少被遗忘的故事，埋藏了多少被烧毁的老图书馆？还有，年复一年，究竟有多少年轻的灵魂在这里累积了越来越多的故事？这些故事被遗忘了，失落了。我好渴望能够有个像电影院的地方，里头有一本记录了无数名字的目录，我们可以在目录里找出某个人的名字，按下一个按钮，银幕上就会出现某个人的脸，然后他会告诉你他一生的故事。如果世上真有这样的地方，那会很像一座天底下最生动有趣的纪念馆，我们历代祖先的灵魂会永远活在那里，而我们可以听到他们沉寂了百年的声音。当我走在墓园里，聆听着那无数沉寂了百年、永远不会再出现的声音,我忽然觉得我们真是一群浪费宝贵资产的后代。我们抛弃了过去,而我们的未来也就因此消耗殆尽。"

我想,以上文字应该是所有"口述历史"工作者、研究者的共同愿望,同时它也回答了人们坚持下来的答案和意义。

尽管,我们做的是非常难的事。之前的一切访谈都是方兴东博士以个人的身份在做这件事,他自己或带着助理,联络、采访各口述者。2014年起,我们组建了团队,承担起了访谈之后的整理、保存、保密、转化、出版等工作,但却常常有逆水而行、背着漩涡行舟之感。因为方兴东博士在当年访谈完毕后并没有与口述者签署授权,我们补要授权已经是在访谈多年之后了,这增加了我们工作推进的难度。对于口述者来说,因为时间久远,且当时访谈是一个人,事后联络、沟通、确认、跟进的是另一个人,这便有了种种不同的理解。我们要在其中极力解释和争取,一方面保护好口述者,另一方面保护好方兴东博士,甚至再细致地解释方兴东博士当年也许使对方知会过的"知情同意权"(我们要做什么,口述者有哪些权利,可能会被怎么研究,我们如何保密,有哪些使用限制,会转化哪些成果,等等),然后授权。然而,我们不得不面对的现实是:事隔多年,有的口述者已经不愿面对这一次的访谈了;也有的是不愿面对口述历史这种文本/文体;甚至有的口述者不愿再面对曾经提到的这些记忆(因访谈之后间隔过长,他的理解、想法、心理、记忆清晰程度,都有了变化)。还有的,有些口述历史已经确认并准备出版,而方兴东博士又临时进行了再次的访谈,我们就要将新的访谈内容再补入之前的版本中,然后再让口述者确认。这几年间,方兴东博士作为发起人,他对"互联网口述历史"有感情、有想法、有感觉,因此,我们也陪同经历了多次大改动、大建议、大方向的顺序调整(我们的"已完成",一次次被摊薄了)……这些加在一起,使我们都觉得是在做难上加难的事(因为我们没能按照惯常口述历史工作方法的顺序)。

回顾这几年,"互联网口述历史"对我们来说,也像是某种程度的创业,这期间遇到了多少干扰和阻力,咽下了多少苦闷和误解,吞下了多少不甘和负气,忍下了多少寂寞和煎熬,扛下了多少质疑和冷眼,都只有我们自己清楚。对于我个人,还要面对团队成员不同原因的陆续离开……有时也会突然懂得和理解方兴东博士,无论是他经营公司,还是做"互联网口述历史"。对于其中的孤独、煎熬和坚守,相信他也一样理解我们。

以多年出版人的身份和角度讲,我同样替读者感到高兴,因为"互联网口述历史"实在有太多能量了,就像一个宝藏(当然,这也归功于"口述历史"这个特别形式的存在),这些能量有很大一部分可以转化成为"卖点"。在"互联网口述历史"里,读者可以看到过去与今天、政治与文化、他人与自己,也能看到趋势、机会、视野、因果、思维方式,还有管理、融资、创业、创新,还有励志、成功,以及辛酸挫折、泪水欺骗、潦倒狼狈、热爱、坚持;这里有故事,也有干货;有实用主义的,也有精神层面的;有历史的 A 面,同样有历史的 B 面;甚至其中有些行业问题、创业问题,依然能透过历史照入今天,解决此时此刻你的困惑与难题。所以,希望读者能够在我们不断出版的"互联网口述历史"中,求仁得仁,并各得其所。希望在你困苦的时候,能有一双经验之手穿过历史帮助你、抚慰你。也希望你在有收获之余,还能够有所反思,因为,"反思,是'口述历史'的核心"(汪丁丁语)。

最后想说的是,如果你有任何与"互联网历史"有关的线索、史料、独家珍藏的照片,或想向我们提供任何支持,我们表示感谢与欢迎。"互联网口述历史"

始终在继续。

最后,感谢"互联网口述历史"项目执行团队!也感谢有你的支持!更多感激,我们将在"致谢"中表达!

2016 年 5 月 18 日初稿

2018 年 2 月 7 日复改

致 谢

在"互联网口述历史"项目推动前行的过程中,感激以下每位提到或未能提到,每个具名或匿名的朋友们的辛苦努力和关照!

感谢方兴东博士十年来对"互联网口述历史"的坚持和积累,因为你的坚韧,才为大家留下了不可估量的、可继续开发的"财富"。

感谢汪丁丁老师对"互联网口述历史"项目小组的特别关心,以及您给予我们的难得的叮嘱与珍贵的分享。

感谢赵婕女士，感谢你对我们工作所有有形、无形的支援，让我们在"绝望"的时候坚持下来，感谢你懂我们工作当中的"苦"。感谢你给我们的醍醐灌顶般的工作方式的建议，以及对我们工作的优化和调整。

感谢杜运洪、孙雪、李宁、杜康乐、张爱芹等人无论风雨，跟随方兴东博士摄制"互联网口述历史"，是你们的拍摄、录制工作，为我们及时留下了斑斓的互联网精彩。同样感谢你们的身兼数职、分身有术，牺牲了那么多的假日。

感谢钟布、李颖，为"互联网口述历史"的国际访谈做了重要补充。

感谢范媛媛，在"互联网口述历史"国际访谈方面，起到特殊的、重要的联络与对接作用。

感谢"互联网实验室文库"图书编辑部的刘伟、

杜康乐、李宇泽、袁欢、魏晨等人，感谢你们耐住枯燥乏味，一次次的认真和任劳任怨，较真死磕和无比耐心细致的工作精神，并且始终默默无怨言。

在"互联网口述历史"的整理过程中，同样要感谢编辑部之外的一些力量，他们是何远琼、香玉、刘乃清、赵毅、冉孟灵、王帆、雷宁、郭丹曦、顾宇辰、王天阳等人，感谢你们的认真、负责，为"互联网实验室文库"添砖加瓦。

感谢互联网实验室、博客中国的高忆宁、徐玉蓉、张静等人，感谢你们给予编辑部门的绝对支持和无限理解。

感谢许剑秋，感谢你对"互联网口述历史"项目贡献的智慧与热情，以及独到、细致的统筹与策划。

感谢田涛、叶爱民、熊澄宇等几位老师，感谢你们对我们的指导和建议，感谢你们在"互联网口述历史"项目上所使的种种的力。

致 谢

感谢中国互联网协会前副秘书长孙永革老师帮助我们所做的部分史实的修正及建议。

感谢薛芳,感谢你以记者一贯的敏锐和独到,为"互联网口述历史"提供了难得的补充。

感谢汕头大学的梁超、原明明、达马(Dharma Adhikari)几位老师,以及张裕、应悦、罗焕林、刘梦婕、程子姣同学为"互联网口述历史"国际访谈的转录和翻译做了大量的辛苦工作;感谢范东升院长、毛良斌院长、钟宇欢的协调与帮助。

感谢李萍、华芳、杨晓晶、马兰芳、严峰、李国盛、马杰、田峰律师、杨霞、红梅、中岛、李树波、陈帅、唐旭行、冉启升、李江、孙海鲤、韩捷(小巴)等对我们所做工作的鼎力支持与支援。

感谢电子工业出版社的刘九如总编辑、刘声峰编辑、黄菲编辑、高莹莹老师,感谢你们为丛书贡献了绝对的激情、关注、真诚,以及在出版过程中那些细枝末节的温情的相助。

感谢博客中国市场部的任喜霞、于金琳、吴雪琴、崔时雨、索新怡等人对"互联网实验室文库"的支持，以及有效的推广工作。

在项目不同程度的推进过程中，同时感谢出版界的其他同仁，他们是东方出版社的龚雪，中信国学的马浩楠，中华书局的胡香玉，凤凰联动的一航，长江时代的刘浩冰，中信出版社的潘岳、蒋永军、曹萌瑶，生活·读书·新知三联书店的朱利国，商务印书馆的周洪波、范海燕，机械工业出版社的周中华、李华君，图灵的武卫东、傅志红，石油工业出版社的王昕，人民邮电出版社的杨帆，电子工业出版社的吴源，北京交通大学出版社的孙秀翠，中国发展出版社的马英华等人，感谢你们给予"互联网口述历史"的支持、关心、惦记和建议。

感谢腾讯文化频道的王姝蕲、张宁，感谢你们对

致谢

"互联网实验室文库"的支持。

感谢中央网信办、中国互联网协会、首都互联网协会、汕头大学新闻与传播学院、汕头大学国际互联网研究院、浙江传媒学院互联网与社会研究中心等机构的大力支持。

在编辑整理"互联网口述历史"的过程中,我们同时参考了大量的文献资料,在此向各文献作者表示衷心的感谢。你们每次扎实、客观的记录,都有意义。

感谢众多在"口述历史""记忆研究"领域有所建树和继续摸索的前辈老师,感谢与"口述历史""记忆",以及历史学、社会学、档案学、心理学等领域相关的论文、图书的众多作者、译者、出版方,是你们让我们有了更便利的学习、补习方式,有了更扎实的理论基础,让我们能够站在巨人的肩膀上看得更远,走得更远。感谢你们对我们不同程度的启发和帮助。

感谢崔永元口述历史研究中心的同仁,感谢温州大学口述历史研究所的公众号及杨祥银博士,感谢你们对"互联网口述历史"的关注和关心。

感谢陈定炜(TAN Tin Wee)、全吉男(Kilnam Chon)、中欧数字协会的鲁乙己(Luigi Gambardella)与焦钰,Diplo基金会的Jovan Kurbalija与Dragana Markovski,计算机历史博物馆的戈登·贝尔(Gordon Bell)与马克·韦伯(Marc Weber),以及世界经济论坛的鲁子龙(Danil Kerimi),IT for Change的安妮塔(Anita Gurumurthy)等人为"互联网口述历史"项目推荐和联络口述者,为我们提供了更多采访海外互联网先锋的机会。

感谢田溯宁、毛伟、刘东、李晓东、张亚勤、杨致远等人,深深感谢"互联网口述历史"已访谈和将访谈的,曾为中国互联网做出贡献和继续做贡献的精英与豪杰们,是你们让互联网的"故事"和发展更加精彩,也让我们的"互联网口述历史"能有机会记录这份精彩。

"互联网口述历史"的感谢名单是列不完的,因为它的背后有庞大的人群为我们做支持,提供帮助,给建议。

感谢你们!

互联网口述历史：人类新文明缔造者群像

"互联网口述历史"工程选取对中国与全球信息领域全程发展有特殊贡献的人物，通过深度访谈，多层次、全景式反映中国信息化发生、发展和全球崛起的真实全貌。该工程由方兴东博士自 2007 年开始启动耕作，经过十年断断续续的摸索和收集，目前已初现雏形。

"口述历史"是一种搜集历史的途径，该类历史资料源自人的记忆。搜集方式是通过传统的笔录、录音和录影等技术手段，记录历史事件当事人或目击者的回忆而保存的口述凭证。收集所得的口头资料，后与文字档案、文献史料等核实，整理成文字稿。我们将对互联网这段刚刚发生的历史的人与事、真实与细节，进行勤勤恳恳、扎扎实实的记录和挖掘。

"互联网口述历史"既是已经发生的历史,也是正在进行的当代史,更是引领人类的未来史;既是生动鲜活的个人史,也是开拓创新的企业史,更是波澜壮阔的时代史。他们是一群将人类从工业文明带入信息文明的时代英雄!这些关键人物,他们以个人独特的能动性和创造性,在人类发展关键历程的重大关键时刻,曾经发挥了不可替代的关键作用,真正改变了人类文明的进程。他们身上所呈现的价值观和独特气质,正是引领人类走向更加开阔的未来的最宝贵财富。

尼葛洛庞帝曾这样对方兴东说:"你做的口述历史这项工作非常有意义。因为互联网历史的创造者,现在往往并不知道自己所做的事情有多么伟大,而我们的社会,现在也不知道这些人做的事情有多么伟大。"

我们希望将各层面核心亲历者的口述做成中国和

全球互联网浪潮最全面、最丰富、最鲜活的第一手材料,作为互联网历史的原始素材,全方位展示互联网的发展历程和未来走向。

我们的定位:展现人类新文明缔造者群像,启迪世界互联新未来。

我们的理念:历史都是由人民群众创造的,但是往往是由少数人开始的。由互联网驱动的这场人类新文明浪潮就是如此,我们通过挖掘在历史关键时刻起到关键作用的关键人物,展现时代的精神和气质,呈现新时代的价值观和使命感,引领人类每一个人更好地进入网络时代。

我们的使命:发现历史进程背后的伟大,发掘伟大背后的历史真相!

"互联网口述历史"现场,李开复与方兴东。

(摄于 2015 年 10 月 17 日)

"互联网口述历史"现场,杨宁与方兴东。

(摄于 2015 年 11 月 30 日)

"互联网口述历史"现场,赵婕、刘强东与方兴东。

(摄于 2015 年 12 月 13 日)

"互联网口述历史"现场,方兴东与倪光南。

(摄于 2015 年 6 月 28 日)

"互联网口述历史"现场,方兴东与张朝阳。

(摄于 2014 年 1 月 12 日)

"互联网口述历史"现场,周鸿祎与方兴东。

(摄于 2013 年 10 月 1 日)

"互联网口述历史"现场,方兴东与吴伯凡。

(摄于 2010 年 9 月 16 日)

"互联网口述历史"现场,田溯宁与方兴东。

(摄于 2014 年 1 月 28 日)

"互联网口述历史"现场,陈彤与方兴东。

(摄于 2010 年 8 月 21 日)

"互联网口述历史"现场,方兴东与钱华林。

(摄于 2014 年 1 月 27 日)

"互联网口述历史"现场,刘九如与方兴东。

(摄于 2014 年 3 月 13 日)

"互联网口述历史"现场,方兴东与张树新。

(摄于 2014 年 2 月 17 日)

"互联网口述历史"访谈后合影,方兴东与拉里·罗伯茨(Larry Roberts)。

(摄于 2017 年 8 月 3 日)

致互联网实验室:

很棒的采访,精心设计的问题。

与你们见面很开心。

——拉里·罗伯茨

"互联网口述历史"访谈后合影,方兴东与伦纳德·罗兰罗克(Leonard Kleinrock)。

(摄于 2017 年 8 月 5 日)

"互联网口述历史"是一个很棒的项目,很开心能参与其中。将历史与技术专业融合探索是了解互联网历史的最好方法。你们的采访轻松但深刻,很棒。

祝顺!

——伦纳德·罗兰罗克

"互联网口述历史"访谈后合影,方兴东与温顿·瑟夫(Vint Cerf)。

(摄于 2017 年 8 月 7 日)

> I enjoyed reliving the story of the Internet. There is much more to tell!
>
> Vint Cerf
> 8/7/2017

十分享受重温互联网故事的过程。意犹未尽!

——温顿·瑟夫

"互联网口述历史"访谈后鲍勃·卡恩(Bob Kahn)签名。

(摄于 2017 年 8 月 28 日)

希望你们的口述历史项目一切顺利。十分开心可以参与其中。

——鲍勃·卡恩

"互联网口述历史"访谈后合影,方兴东与斯蒂芬·克罗克(Stephen Croker)。

(摄于 2017 年 8 月 8 日)

> What an impressive and extensive project! I applaud the magnitude and thoroughness of your preparation and effort. I look forward to seeing the results
> Steve Crocker
> August 8, 2017

一个令人印象深刻的项目。你们严谨而深入的前期准备和努力,值得赞许。期待看到你们的项目成果。

——斯蒂芬·克罗克

"互联网口述历史"访谈后合影,方兴东与斯蒂芬·沃夫(Stephen Wolff)。

(摄于2017年8月10日)

> You have embarked on an extraordinary voyage of learning and understanding of the Internet, its origins, and its future(s). I am grateful for the opportunity to contribute, wish you well in your endeavor, and hope to see the outcome of your diligence
>
> —Stephen Wolff
> 2017·08·10

你们已经踏上了一条学习和了解互联网,探索其起源和未来发展的非同寻常之旅。十分感谢有机会能够贡献自己的一份力量。祝愿你们的项目进展顺利,期待早日看到你们的工作成果。

——斯蒂芬·沃夫

"互联网口述历史"访谈现场,维纳·措恩(Werner Zorn)接受提问。

(摄于2017年12月5日)

> I strongly believe in a good and prosperous cooperation between the Chinese Internauts and the western collegues friends and competitors towards an open and florishing Internet
> Wuzhen, Dec 5, 2017
> Werner Zorn

我坚信中国互联网参与者与西方同仁、伙伴和竞争者之间友好繁荣的合作会带来一个开放和蓬勃发展的互联网。

——维纳·措恩

"互联网口述历史"访谈现场,路易斯·普赞(Louis Pouzin)接受提问。

(摄于 2017 年 12 月 19 日)

> Internet and all its necessors (new internets) are a nervous system providing control and communication between live and mechanical systems of the world. An any complex systems they must be designed by experts, and repaired when they do not work to satisfaction. They are part of our life, and we should endeavour to put our expertise to make them safe at efficient.
>
> Louis Pouzin
> 19.12.2017

互联网及其所有继任者(新互联网)是一个神经系统,为世界的生命系统和机械系统提供控制和交流的平台。与任何复杂的系统一样,它们须由专家设计,并在其工作不畅时及时进行修复。它们是我们生活的一部分,我们理应倾注我们的力量使其更加安全和高效。

——路易斯·普赞

互联网口述历史：人类新文明缔造者群像

"互联网口述历史"访谈现场，全吉男（Chon Kilnam）接受提问。

（摄于 2017 年 12 月 5 日）

Hope you can come up with good interviews with collaboration of others in Asia, North America, Europe, and others. Let me know if you need any support on this matter. Good luck on this important topics.

2017.12.5
Chon Kilnam
全吉男

希望你们与亚洲、北美洲、欧洲及其他地区的人能够合作进行更多优秀的采访。如果需要我的支持，请与我联系。预祝项目进展顺利。

——全吉男

（因版面有限，仅做部分照片展示。感谢您的关注！）

互联网实验室文库
21世纪的走向未来丛书

我们正处于互联网革命爆发期的震中,正处于人类网络文明新浪潮最湍急的中央。人类全新的网络时代正因为互联网的全球普及而迅速成为现实。网络时代不再仅是体现在概念、理论或者少数群体中,而是体现在每个普通人生活方式的急剧改变之中。互联网超越了技术、产业和商业,极大拓展和推动了人类在自由、平等、开放、共享、创新等人类自我追求与解放方面的新高度,构成了一部波澜壮阔的人类社会创新史和新文明革命史!

过去20年，互联网是中国崛起的催化剂；未来20年，互联网更将成为中国崛起的主战场。互联网催化之下全民爆发的互联网精神和全民爆发的创业精神，两股力量相辅相成，相互促进，自下而上呼应了改革开放的大潮，助力并成就了中国崛起。互联网成为中国社会与民众最大的赋能者！可以说，互联网是为中国准备的，因为有了互联网，21世纪才属于中国。

互联网给中国最大的价值与意义在于内在价值观和文明观，就是崇尚自由、平等、开放、创新、共享等内核的互联网精神，也就是自下而上赋予每个普通人以更多的力量：获取信息的力量，参政议政的力量，发表和传播的力量，交流和沟通的力量，社会交往的力量，商业机会的力量，创造与创业的力量，爱好与兴趣的力量，甚至是娱乐的力量。通过互联网，每个人，尤其是弱势群体，以最低成本、最大效果地拥有了更强大的力量。这就是互联网精神的革命性所在。互联网精神通过博客、微博和微信等的普及，得以在中国全面引爆开来!

如今,中国已经成为互联网第一大国,也即将成为世界的互联网创新中心。从应用和产业层面,互联网已经步入"后美国时代"。但是目前互联网新思想依然是以美国为中心。美国是互联网的发源地,是互联网创新的全球中心,美国互联网"思想市场"的活跃程度迄今依然令人叹服。各种最新著作的引进使我们与世界越来越同步,成为助力中国互联网和社会发展的重要养料。而今天中国对于网络文明灵魂——互联网精神的贡献依然微不足道!文化的创新和变革已经成为中国互联网革命非常大的障碍和敌人,一场中国网络时代的新启蒙运动已经迫在眉睫。"互联网实验室文库"的应运而生,目标就是打造"21世纪的走向未来丛书",打造中国互联网领域文化创新和原创性思想的第一品牌。

互联网对于美国的价值与互联网对于中国的价

值，有共同之处，更有不同。互联网对于美国，更多是技术创新的突破和社会进步的催化；而在中国，互联网对于整个中国社会的平等化进程的推动和特权力量的消解，是前所未有的，社会变革意义空前！所以，研究互联网如何推动中国社会发展，成为"互联网实验室文库"的出发点。文库坚持"以互联网精神为本"和"全球互联，中国思想"为宗旨，以全球视野，着眼下一个十年中国互联网发展，期望为中国网络强国时代的到来谏言、预言和代言！互联网作为一种新的文明、新的文化、新的价值观，为中国崛起提供了无与伦比的动力。未来，中国也必将为全球的互联网文化贡献自己的一份力量！

"互联网实验室文库"得到了中国互联网协会、首都互联网协会、汕头大学国际互联网研究院、数字论坛和浙江传媒学院互联网与社会研究中心等机构的鼎力支持。因为我们共同相信，打造"21世纪的走向未来丛书"是一项长期的事业。我们相信，中国互联网思想在全球崛起也不是遥不可及,经过大家的努力,中国为全球互联网创新做出贡献的时刻已经到来,中国为全球互联网精神和互联网文化做出贡献的时刻也即将开始。我们相信,随着互联网精神大众化浪潮在中国的不断深入,让13亿人通过互联网实现中华民族的伟大复兴不再是梦想!让全世界75亿人全部上网,进入网络时代,也一定能够实现。而在这一伟大的历程中,中国必将扮演主要角色。

互联网实验室创始人、丛书主编　方兴东

注 释

[1] 编注：ASCII，是基于拉丁字母的一套电脑编码系统。它主要用于显示现代英语和其他西欧语言，是现今最通用的单字节编码系统。

[2] 编注：中国互联网络信息中心（China Internet Network Information Center，CNNIC），是经国家主管部门批准，于1997年6月3日组建的管理和服务机构，行使国家互联网络信息中心的职责。作为中国信息社会基础设施的建设者和运行者，CNNIC以"为我国互联网络用户提供服务，促进我国互联网络健康、有序发展"为宗旨，负责管理维护中国互联网地址系统，引领中国互联网地址行业发展，权威发布中国互联网统计信息，代表中国参与国际互联网社群。

[3] 编注：中国兵器工业计算机应用技术研究所，始建于1978年，隶属于中国兵器工业集团公司。它的主要研究领域为武器平台的一体化综合电子系统、通用型电子信息平台、地面和空中无人作战平台的环境感知与智能控制系统、数字化战场的战场管理信息系统、装备嵌入式软件测评、信息安全与网络技术等。

[4] 编注：电子邮件的内容为"Across the Great Wall we can reach every corner in the world"（越过长城，走向世界）。这封邮件是经过德国学术机构的"中转"成功发送的。

5 编注：吴为民，1943 年生，华裔物理学家。美国费米国家实验室研究员，曾任中国科学院高能物理研究所 ALEPH 组组长，北京正负电子对撞机研究室副主任。参加过第一颗中国原子弹的研制，第一颗中国人造卫星的发射。北京正负电子对撞工程的学术骨干之一。

6 编注：X.25，是一个使用电话或者综合业务数字网（ISDN）设备作为网络硬件设备来架构广域网的国际、电信联盟电信标准分局（ITU-T）网络协议，是第一个面向连接的网络，也是第一个公共数据网络。在国际上 X.25 的提供者通常称 X.25 为分组交换网（Packet switched network），尤其是那些国营的电话公司。它们的复合网络从 20 世纪 80 年代到 90 年代覆盖全球，现仍然应用于交易系统中。

7 编注：DECNet，是由数字设备公司（Digital Equipment Corporation）推出并支持的一组协议集合。最初的 DECNet 支持两台直接相连的小型机之间的通信。后来推出的版本在原 DECNet 功能基础上另外提供了对附加所有者和标准协议的支持。DECNet 是一种基于数字网络体系结构（Digital Network Architecture，DNA）的较为全面的分层网络体系结构，它支持大量的所有者和标准协议。

8 编注：钱天白，1945 年生于江苏无锡，工程师，互联网专家。1990 年 11 月 28 日，代表中国正式在国际互联网络信息中心（InterNIC）的前身 DDN－NIC 注册登记了我国的顶级域名.CN。1994 年 5 月 21 日，在钱天白和德国卡尔斯鲁厄大学的协助下，中国科学院计算机网络信息中心完成了中国国家顶级域名（.CN）服务器的设置，改变了中国的.CN 顶级域名服务器一直放在国外的历史。钱天白于 1998 年 5 月 8 日在香山公园突发心脏病逝世。

9 编注：徐建春，女，1935 年 3 月生。本是山东省掖县（现莱州市）西由镇后吕村的农家女，1950 年于后吕村高小毕业。当时村里正在组织

注 释

互助组,她和村里四户人家组成一个组,并担任组长,时年仅17岁。在她的带领下,互助组搞得井井有条,自愿入组的人越来越多,很快就被当地党和政府发现并重视,进行了大力的宣传。曾任共青团山东省委副书记、中共山东省委常委、掖县县委副书记、共青团山东省委书记、山东省人大常委会副主任。

10 编注:华罗庚,1910年11月生,籍贯江苏金坛,祖籍江苏丹阳。世界著名数学家、中国科学院院士、美国国家科学院外籍院士、第三世界科学院院士、联邦德国巴伐利亚科学院院士。逝于1985年6月12日。

11 编注:103型通用数字电子计算机,是我国第一台电子计算机,于1958年8月研制成功,这台103型机是我国第一台大型通用数字电子计算机,平均每秒运算1万次,接近当时英国、日本计算机的指标。

12 编注:一个触发器,带两个射极跟随器。

13 编注:109丙机,是20世纪60年代中期中国自行设计的比较成熟的大型计算机,字长48位,平均运算速度每秒11.5万次。该机共有两台。"东方红一号"人造卫星的飞行轨道计算、中国第一代核弹的定型和发展中的计算工作都在该机上进行;中国运载火箭各型号从方案设计、初步设计、飞行试验、飞行精度分析到定型生产的各个阶段的理论计算也在该机上进行,为之提供过大量的数据和决策依据。109丙机为中国"两弹一星"的研制做出了重要贡献,被国防科委领导人誉为"功勋计算机"。

14 编注:毛伟,1968年1月出生。曾任CNNIC主任、中科院计算机网络信息中心网络信息技术研究室主任等。

15 编注:美国数字设备公司(Digital Equipment Corporation,DEC),译作迪吉多,成立于1957年,1998年1月被康柏公司(Compaq)以

96 亿美元收购。2001 年惠普、康柏宣布合并。

[16] 编注：PDP，是 DEC 公司生产的小型机系列的代号。PDP 是"Programmed Data Processor"（程序数据处理机）的首字母缩写。PDP 系列计算机曾使 DEC 公司成为了小型机时代的领头羊。由于小型机的推广，降低了计算机产品的使用成本，使得更多的人获得了接触计算机的机会，大大促进了计算机产业以及相关行业的发展，并直接促进了个人计算机（PC）的发展。尽管 DEC 公司因为推动计算机大众化而获得成功，DEC 却因为反对个人计算机的出现而遗憾地成为历史的笑柄。随着比小型机还小型化的苹果等大批个人计算机的出现，DEC 业绩一落千丈。20 世纪 90 年代后，DEC 被康柏电脑收购（康柏最终被惠普收购）。由 DEC 开创的小型机时代宣告结束，小型机市场多被高性能个人计算机占领。

[17] 编注：1978 年，DEC 公司建立了第一个基于 VAE（Virtual Address Extension）即虚拟地址扩展的计算机体系，它是 DEC 计算机系统特有的复杂指令计算（CISC）体系结构的计算机 VAX11，780。这台大家伙在当时是 32 位的计算机，并且能够有高达 1MIPS（单字长定点指令平均执行速度）的运算性能。在那个年代，这台计算机的速度和性能都是无与伦比的。

[18] 编注：北京语言大学。

[19] 编注：夫朗霍夫学会（Fraunhofer-Gesellschaft），又译弗劳恩霍夫学会、弗朗霍夫学会，是德国也是欧洲最大的应用科学研究机构。1991 年，世界上第一台 MP3 就产生于该学会位于埃尔兰根的集成电路研究所。

[20] 编注：洪堡基金，是为纪念德国伟大的自然科学家和科学考察旅行家亚历山大·封·洪堡于 1860 年在柏林建立的。1923 年之前，洪堡基

注释

金仅资助德国学者到外国进行科学考察，1925年之后，这项基金转为支持外国科学家和博士研究生在德国学习。1945年，基金会停止了活动。根据原洪堡学者的倡议，基金会于1953年12月10日由联邦德国再次建立（具有法人资格），办公地点设在波恩市巴德·哥德斯堡。第二年基金会就提供了75人的研究奖学金。此后，来自100多个国家的近14000名学者得到过它的资助。

[21] 编注：联想集团有限公司，成立于1984年，由中国科学院计算所投资20万元人民币，由11名科技人员创办。当时称为"中国科学院计算所新技术发展公司"。

[22] 编注：倪光南，1939年出生，中国科学院计算所研究员，中国中文信息学会理事长，中国工程院院士。曾任北京市人民政府参事、联想集团首任总工程师等。作为我国最早从事汉字信息处理和模式识别研究的学者之一，提出并实现在汉字输入中应用联想功能。

[23] 编注：竺迺刚，曾任中科院计算所六室输入组组长。与倪光南先生一起主持研制了"111汉字信息处理实验系统"，实现了汉字的输入、编码、存储、显示、打印等功能，并首次实现了联想输入方法。该系统于1979年获得中国科学院科技进步奖二等奖，是国内最早的汉字信息处理系统之一。

[24] 编注：汉卡，是一种将汉字输入方法及其驱动程序固化为一个只读存储器的扩展卡。一种汉卡是为一种汉字系统专门设计的。联想汉卡，其十余项技术突破和创新，至今仍保持着领先水平。

[25] 编注：胡启恒，女，陕西榆林人。模式识别专家，中国工程院院士。曾任中国自动化学会副理事长、模式识别及机器智能专业委员会副主任、中国科学院副院长、中国计算机学会理事长、中国科学技术协会副主席、中国互联网协会理事会理事长等。

[26] 编注：曾茂朝，生于 1932 年，电子计算机专家。曾任中国科学院计算技术研究所所长、研究员，国务院电子振兴领导小组电子计算机顾问组副组长等。

[27] 编注：PC-FAX 选项可用于发送和接收传真。

[28] 编注：1989 年 8 月 26 日，经过国家计委组织的世界银行贷款"NCFC"项目论证评标组的论证，中国科学院被确定为该项目的实施单位。同年 11 月组成了"NCFC"（中国国家计算机与网络设施，The National Computing and Networking Facility of China）联合设计组，是国内第一个示范网络。

[29] 编注：胡道元，上海人，清华大学计算机系教授，博士生导师，中国教育科研计算机网高级顾问，国际信息处理联合会通信系统技术委员会（IFIP-TC6）中国代表。清华大学校园网、中关村地区教育科研示范网、中国教育科研示范网 CERNET、"863"计算机集成制造系统 CMIS 网的主要创建人之一，主持了第一个由中国学者提出的互联网报文汉字编码规范 RFC1922 文本，《中华人民共和国国家标准：计算机信息系统安全保护等级划分准则》第一起草人，清华得实公司董事长。

[30] 编注：吴建平，清华大学计算机科学与技术系教授，博士生导师，清华大学信息网络工程研究中心主任，中国教育和科研计算机网（CERNET）专家委员会主任、网络中心主任。

[31] 编注：张兴华，1938 年 12 月生，毕业于北京大学数学力学系。曾任中国互联网信息中心工作委员会委员，中国中文信息学会常务理事，中国计算机学会科普工作委员会副主任，中国机器学习学会理事，北京大学计算中心主任、教授。

[32] 编注：任守奎，北京大学教授。

注 释

33 编注：王行刚，我国第一台电子计算机（103机）等5台早期计算机的研制者，是我国计算机网络的先行者。早在20世纪70年代中后期，他就开始从最基础的计算机网络原理方面开展研究。撰有《计算机网络原理》一书，1987年出版发行。逝于2008年5月22日。

34 编注：马影琳，中国科学院计算机网络中心研究员，曾任中国科学院计算技术研究所网络研究室室主任。

35 编注：TCP/IP（Transmission Control Protocol / Internet Protocol），传输控制协议/互联网络协议，是互联网最基本的协议，由网络层的IP协议和传输层的TCP协议组成。TCP/IP定义了电子设备如何连入互联网，以及数据如何在它们之间传输的标准。

36 编注：网桥，也叫桥接器，是连接两个局域网的一种存储/转发设备，它能将一个大的局域网（LAN）分割为多个网段，或将两个以上的LAN互联为一个逻辑LAN，使LAN上的所有用户都可访问服务器。

37 编注：李俊，1973年6月生于安徽省寿县，博士，副教授。曾任国家863计划信息领域"高性能宽带信息网"重大专项应用支撑环境任务组专家，网络信息中心副主任，中国科技网网络中心主任。中国第一台路由器开发者。

38 编注：INET 1992年会议。INET会议由国际互联网协会（ISOC）每年召开一次，目的是就全球国际互联网现状及未来发展进行技术和信息交流，为ISOC成员提供机会，以便老朋友见面、结识新朋友和共享各自关于新发展的思想，并建立和维持持久的个人和专业技术合作关系。

39 编注：斯蒂芬·戈德斯坦（Steven Goldstein），当时美国国家科学基金会（NSF）国际连接负责人。

40 编注：美国国家科学基金会（National Science Foundation，United

States)，美国独立的联邦机构，成立于 1950 年。其主要任务是确定国家科学基金会的政策，通过对基础研究计划的资助，改进科学教育，发展科学信息和增进国际科学合作等办法促进美国科学的发展。

[41] 编注：当时的网是 ARPANet，所谓"阿帕"（ARPA），是美国高级研究计划署（Advanced Research Project Agency）的简称。其核心机构之一是信息处理办公室（IPTO Information Processing Techniques Office），一直在关注电脑图形、网络通信、超级计算机等研究课题。阿帕网为美国国防部高级研究计划署开发的世界上第一个运营的封包交换网络，它是全球互联网的始祖。

[42] 编注：陈佳洱，1934 年 10 月出生，上海市人。中国科学院院士，第三世界科学院院士，教育家，加速器物理学家。曾任北京大学校长，国家自然科学基金委员会主任、党组书记等。

[43] 编注：韩国科学技术院（Korea Advanced Institute of Science and Technology，KAIST），也被称作韩国高等科技院。

[44] 编注：全吉男（Kilnam Chon），韩国互联网协会主席。

[45] 编注：洲际研究网络协调委员会，CCIRN（Coordinating Committee for Intercontinental Research Networking）。

[46] 编注：斯蒂芬·沃夫（Stephen Wolff）。

[47] 编注：斯坦福线性加速器中心（SLAC），成立于 1962 年，为美国能源部所属的国家实验室，在能源部的方案下由斯坦福大学指挥运作。主要的研究方向有运用电子束进行基本粒子物理的实验及理论研究、原子物理、固态物理、使用同步辐射光源的化学、生物以及医学研究。

[48] 编注：朱高峰，1935 年 5 月出生，中国工程院院士，通信技术与管理专家。曾任邮电部副部长。

注释

49 编注：冀复生，科技专家，曾任《信息技术快报》执行主编，中国驻前联合国的科技参赞，科技部（科委）高技术司司长。

50 编注：张曦琼，中科院计算机网络信息中心研究员，中国科技网网络中心副主任。

51 编注：斯坦福直线加速器中心（SLAC）。

52 编注："NCFC"项目。

53 编注：谢希德，女，1921 年 3 月生，福建省泉州市人。享誉海内外的著名固体物理学家、教育家、社会活动家、第三世界科学院院士。曾任复旦大学校长。逝于 2000 年 3 月 4 日。

54 编注：吴佑寿，教授，广东潮州人，毕业于清华大学电机系。曾任清华大学讲师、副教授、教授、无线电系主任、研究生院院长，国务院淀粉闾委员会第一、二届学科评议组成员，中国通信学会第一、二届副理事长，电气电子工程师学会高级会员，国际无线电科学联盟中方成员。长期从事数字通信与信号处理的教学和研究，领导研制的软件通信体系框架型数传设备用于中国第一颗人造卫星的发射监测系统。

55 编注：.CN，互联网国家和地区顶级域中代表中国的域名，中国互联网络信息中心（CNNIC）是 CN 域名注册管理机构，负责运行和管理相应的 CN 域名系统，维护中央数据库。

56 编注：根域名服务器，是架构因特网所必需的基础设施。

57 编注：维纳·措恩（Werner Zorn），1987 年 9 月 20 日，他帮助中国从北京向海外发出了中国第一封电子邮件。电子邮件的内容为"Across the Great Wall, we can reach every corner in the world"（越过长城，走向世界）。

58 编注：国际互联网络信息中心（Internet Information Center, InterNIC），是在国际域名与数字分配机构（ICANN）下的一个组织，其通过提供用户援助、文件、Whois（是用来查询域名的 IP 以及所有者等信息的传输协议）、因特网域名和其他服务来为因特网团体服务。

[59] 编注：DDN NIC（Defense Data Network Network Information Center）主要任务为指定国际网络位址及自治系统号码，根据区域网络管理者提供信息和服务给 DDN。

[60] 编注：赵小凡，1950 年 2 月生，黑龙江肇东人。曾任电子部 15 所计算机网络室主任、中华通信系统公司副总经理、国务院信息化工作领导小组办公室网络组组长、信息产业部信息化推进司副司长、国务院信息化工作办公室推广应用组组长等。

[61] 编注：马如山，教授、原吉通公司总工、华北计算所研究员。

[62] 编注：曲成义，研究员、著名信息安全专家、中国航天工程咨询中心科技委员。曾任中国航天科技集团 710 所总工程师。

[63] 编注：.COM 域名，国际最广泛使用的通用域名格式。

[64] 编注：腾讯科技，2006 年 8 月 10 日，孙鱼：《科学家钱华林：互联网架构存在致命缺陷》，http://tech.qq.com/a/20060810/000298.htm。

[65] 编注：宁玉田，1938 年 9 月出生，研究员，毕业于北京航空学院（现北京航空航天大学）计算机专业。曾任中科院技术科学与开发局总工程师、中国科学院计算机网络中心主任等。

[66] 编注：张厚英，中国科学院空间中心研究员。曾任科学院高能物理所常务副所长，科学院计划局常务副局长科学院高技术局局长，科学院空间中心、空间总体部主任，中国载人航天应用系统总指挥等。还参加中国科学院老科学家科普演讲团，走访各个中小学，教授中国航天科学知识。

注 释

[67] 编注:张建中,毕业于北京大学数学力学系计算数学专业。曾任中科院计算机网络信息中心临时党委书记、常务副主任等。

[68] 编注:中国科学院计算机网络信息中心(Computer Network Information Center,简称网络中心,CNIC),是中国科学院下属的科研事业单位。主要从事中国科学院信息化建设、运行与支撑服务,以及计算机网络技术、数据库技术和科学工程计算的研究与开发。

[69] 编注:吕新奎,1940年9月生,江苏无锡人。曾任中国电子总公司副总经理、电子部副部长兼国家信息化联席会议办公室主任、信息产业部前副部长、CETC(中国电子科技集团)主要创始人。

[70] 编注:ICANN(The Internet Corporation for Assigned Names and Numbers),互联网名称与数字地址分配机构,是一个非营利性的国际组织,成立于1998年10月。

[71] 编注:973计划,即国家重点基础研究发展计划(973计划)。旨在解决国家战略需求中的重大科学问题,以及对人类认识世界将会起到重要作用的科学前沿问题,面向前沿高科技战略领域超前部署基础研究。自实施以来,973计划已围绕农业、能源、信息、资源环境、人口与健康、材料、综合交叉与重要科学前沿等领域进行了战略部署。

[72] 编注:中国下一代互联网示范工程(CNGI)项目,是由国家发展和改革委员会主导,中国工程院、科技部、教育部、中科院等八部委联合于2003年酝酿并启动的。

[73] 来源:腾讯科技,2006年8月10日,孙鱼:《科学家钱华林:互联网架构存在致命缺陷》,http://tech.qq.com/a/20060810/000298.htm。

[74] 来源:新浪科技,2009年4月23日,钱华林口述,全智整理:《钱华林忆早期中国互联网:收一封Email要几百元》,http://tech.sina.com.cn/

i/2009-04-23/02083029179.shtml。

[75] 来源：腾讯科技，2009年6月4日，乐天：《专家称正制定电子邮件标准将助中文域名发展》（"中国首届域名大会"钱华林演讲），http://tech.qq.com/a/20090604/000395.htm。

[76] 来源：新浪科技，2009年4月23日，钱华林口述，全智整理：《钱华林忆早期中国互联网：收一封Email要几百元》，http://tech.sina.com.cn/i/2009-04-23/02083029179.shtml。

[77] 来源：《中国科技信息》，1997年第21期。

"互联网口述历史"(OHI)得到以下项目资助和支持：

国家社科基金一般项目
批准号：18BXW010
项目名称：全球史视野中的互联网史论研究

国家社科基金重大项目
批准号：17ZDA107
项目名称：总体国家安全观视野下的网络治理体系研究

教育部哲学社会科学研究重大课题攻关项目
批准号：17JZD032
项目名称：构建全球化互联网治理体系研究

国家自然科学基金重点项目
批准号：71232012
项目名称：基于并行分布策略的中国企业组织变革与文化融合机制研究

浙江省重点科技创新团队项目
计划编号：2011R50019
项目名称：网络媒体技术科技创新团队

未经许可,不得以任何方式复制或抄袭本书之部分或全部内容。版权所有,侵权必究。

图书在版编目(CIP)数据

光荣与梦想:互联网口述系列丛书.钱华林篇/方兴东主编.—北京:电子工业出版社,2018.10
ISBN 978-7-121-33157-2

Ⅰ.①光… Ⅱ.①方… Ⅲ.①互联网络—历史—世界 Ⅳ.①TP393.4-091

中国版本图书馆CIP数据核字(2017)第295733号

出版统筹:刘九如
策划编辑:刘声峰(itsbest@phei.com.cn)
　　　　　黄　菲(fay3@phei.com.cn)
责任编辑:黄　菲　　特约编辑:李领弟
印　　刷:涿州市京南印刷厂
装　　订:涿州市京南印刷厂
出版发行:电子工业出版社
　　　　　北京市海淀区万寿路173信箱　邮编　100036
开　　本:787×1 092　1/32　印张:7.25　字数:210千字
版　　次:2018年10月第1版
印　　次:2018年10月第1次印刷
定　　价:58.00元

凡所购买电子工业出版社图书有缺损问题,请向购买书店调换。若书店售缺,请与本社发行部联系,联系及邮购电话:(010)88254888,88258888。

质量投诉请发邮件至 zlts@phei.com.cn,盗版侵权举报请发邮件至 dbqq@phei.com.cn。

本书咨询联系方式:39852583(QQ)。

———— 互联网实验室文库 ————